Sei ein Mathe-Magier

Anna Claybourne

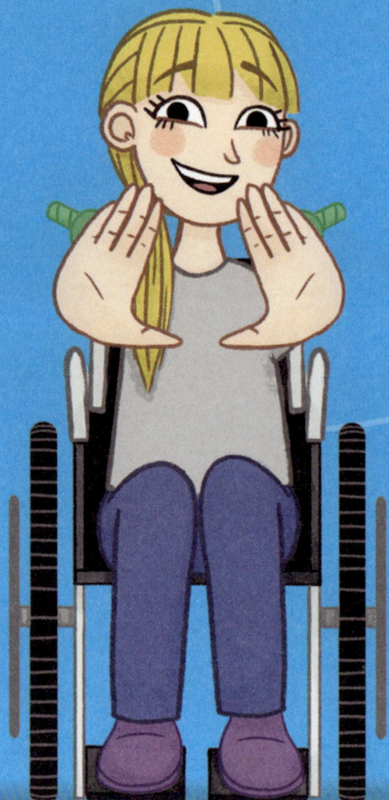

ISBN: 978-3-8094-4187-8
1. Auflage

Die englische Originalausgabe erschien unter dem Titel *I can be a Maths Magician*.

Texte: Anna Claybourne
Illustrationen: Katie Kear
Layout: Jeni Child
Umschlaggestaltung: Atelier Versen, Bad Aibling
Übersetzung: Dr. Ulrike Kretschmer, München
Redaktion und Satz: Dr. Alex Klubertanz, Garmisch-Partenkirchen
Herstellung: Angelika Tröger

Druck und Bindung: Alföldi, Debrecen
Printed in Hungary

MIX
Papier aus verantwortungsvollen Quellen
FSC® C010328

Inhalt

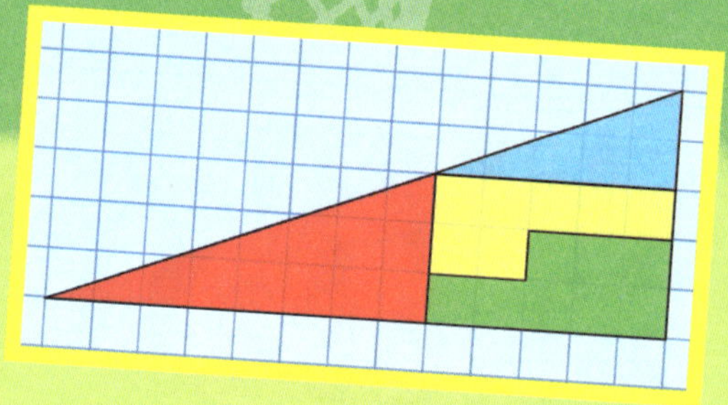

Zahlen sind überall! 4
Magische Quadrate...................... 6
Möbiusschleife 8
Magische Malfolgen 10
Der Goldene Schnitt 12
Geheimcodes............................ 14
Symmetrische Seiten 16
Immer rundherum 18
Warum sind Räder rund? 20
Zusammenfügen 22
Das fehlende Quadrat 24
Primzahlen 26
Diagramme 28
Tortenstücke............................. 30
Fadenkreise 32
Gewinnchancen 34
Sterne zeichnen 36
Polygone und Polyeder............. 38
Verrückte Fraktale 40
Immer größer 42
Kurven aus Geraden 44
Seltsames Pi 46
Heureka!.................................... 48
Digitales Bild 50
Körpermaße 52
Zahlen im Kopf 54
Monsterzahlen 56
Teste dein Wissen...................... 58
Lösungen 60
Glossar 62
Register 64

Zahlen sind überall!

Zahlen beschäftigen uns nicht nur in der Schule – sie begleiten uns unser ganzes Leben lang! Zahlen sind ungeheuer wichtig, wir brauchen sie die ganze Zeit.

Stell dir vor, es gäbe keine Zahlen – würden die unten aufgeführten Dinge dann funktionieren?

Zahlen sind tatsächlich überall, sei es an Gebäuden, im Zusammenhang mit Geld, im Busfahrplan oder schlicht bei der Uhrzeit.

Zaubern: Gedanken lesen

Dies ist ein supereinfacher Zaubertrick mit Zahlen. Lerne die Schritte auswendig und probiere sie mit einem Freund aus.

Schreib die Zahl 5 auf ein Stück Papier, der andere darf die Zahl aber nicht sehen. Falte das Papier und steck es in einen Briefumschlag.

1. Bitte den Freund oder die Freundin, an eine Zahl zu denken ... irgendeine Zahl!

2. Nun soll er oder sie die Zahl verdoppeln, dann 10 addieren.

3. Dann das Ergebnis halbieren und die Zahl, an die er oder sie zuerst gedacht hat, abziehen.

4. Mit deinen magischen Fähigkeiten kannst du Gedanken lesen und weißt, welche Zahl nun herausgekommen ist. Der Freund oder die Freundin öffnet den Briefumschlag ...

... und tatsächlich – es stimmt! Das Geheimnis des Tricks: Mit welcher Zahl man auch beginnt, am Ende kommt immer 5 raus.

Oder wie die berühmte indische Rechenkünstlerin Shakuntala Devi gesagt hat:

Ohne Mathematik läuft überhaupt nichts. Alles um uns herum ist Mathematik. Wir sind von Zahlen umgeben.

Magische Quadrate

Unter einem »magischen Quadrat« versteht man ein Quadrat mit kleineren Quadraten, in denen Zahlen stehen. Addiert man die Zahlen einer beliebigen Reihe, erhält man immer dasselbe Ergebnis. Magische Quadrate gibt es schon seit Tausenden von Jahren, eines kommt auch in der chinesischen Legende »Lo Shu« vor …

Dieses »Lo-Shu-Quadrat« heißt wörtlich übersetzt magisches Quadrat. Das Ergebnis, das beim Addieren der Zahlen einer Reihe oder Diagonalen herauskommt – 15 in diesem Fall –, ist die »magische Gleichung«.

Vor langer Zeit traten die Flüsse in China über die Ufer. Nachdem die Menschen Opfergaben am Fluss Lo abgelegt hatten, kroch daraus eine Schildkröte mit einem seltsamen Muster aus Punkten auf dem Panzer an Land. Die Punkte standen für neun verschiedene in einem Quadrat angeordnete Zahlen, die addiert jeweils 15 ergaben. Dies deuteten die Menschen als Botschaft des Flusses, 15 Opfergaben zu hinterlassen.

			=15
4	9	2	=15
3	5	7	=15
8	1	6	=15
=15	=15	=15	=15

Rechnen: Magische Quadrate füllen

Es gibt noch mehr magische Quadrate als das Muster auf dem Panzer der Schildkröte, mit anderen Zahlen und in unterschiedlichen Größen. Ein Quadrat mit drei waagerechten und drei senkrechten Reihen (3 x 3) nennt man magisches Quadrat der Ordnung 3, ein 4-x-4-Quadrat magisches Quadrat der Ordnung 4 und so weiter.

	2	7
	4	
1		

A: Magische Gleichung = 12

B: Magische Gleichung = 18

5		2
	6	

3	14		2
	9		
10		6	
	4		

C: Magische Gleichung = 34

Kannst du die Lücken mit Zahlen füllen und die magischen Quadrate vervollständigen? In einem Quadrat darf keine Zahl zweimal vorkommen. Die Lösungen findest du auf Seite 60.

Möbius-schleife

Kommt dir an dieser Schleife irgendetwas seltsam vor? Sie sieht wie eine ganz normale Schleife aus Papier aus, ist aber eigentlich ein mathematisches Rätsel – die sogenannte Möbiusschleife.

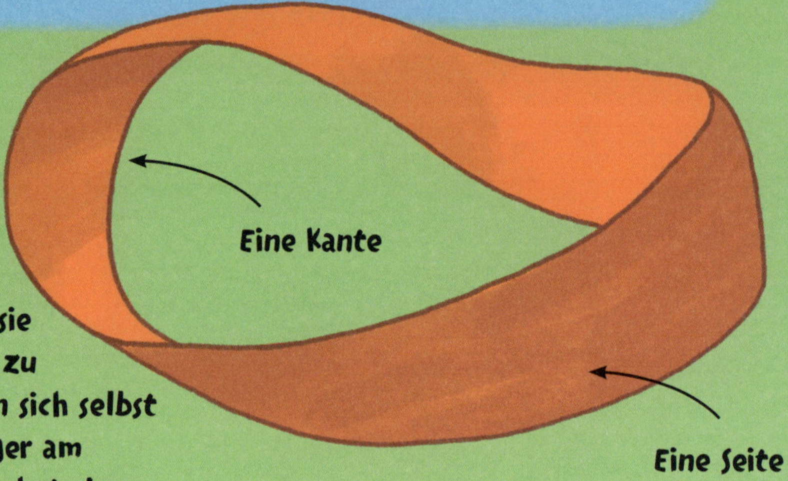

Die Möbiusschleife hat nur eine Seite! Sieh sie dir genau an: ein einfacher Streifen Papier zu einer Schleife geklebt, dabei aber einmal in sich selbst gedreht. Stell dir vor, wie du mit dem Finger am Papier entlangfährst. Eine normale Schleife hat eine Innen- und eine Außenseite, die Möbiusschleife aber hat nur eine einzige, kontinuierliche Oberfläche. Fährt man diese Fläche entlang, »befährt« man beide Seiten, ohne dass man unterbrechen muss.

Der Künstler und Grafiker M.C. Escher war von der Möbiusschleife fasziniert. Er zeichnete die Schleife mit Ameisen, die darauf herumkrabbeln.

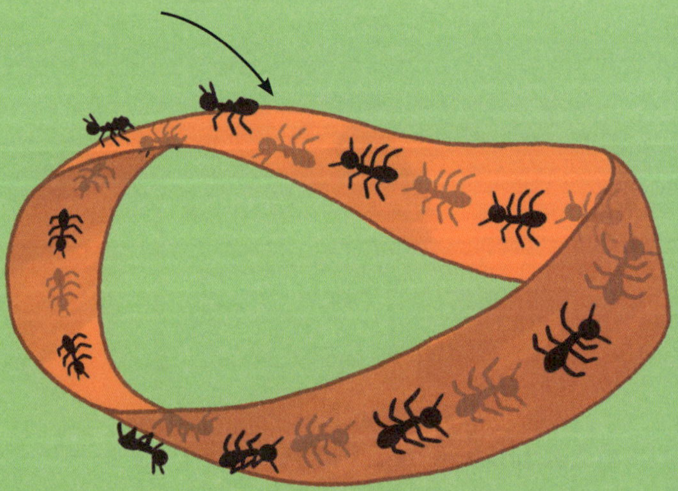

Basteln: eine Möbiusschleife herstellen

Bastle dir deine eigene dreidimensionale Möbiusschleife und erkunde sie selbst. Du kannst damit auch deinen Freunden einen Trick vorführen, über den sie staunen werden!

Du benötigst:

- Papier
- Schere
- Papierkleber
- Stift

1. Schneide einen Papierstreifen zurecht. Er sollte ca. 30 cm lang und 2 bis 3 cm breit sein.

2. Schließe den Streifen zu einer Schleife, doch drehe dabei ein Ende einmal um sich selbst. Klebe die Enden zusammen und warte, bis der Kleber getrocknet ist.

3. Zeichne mit einem Stift eine Linie in der Mitte des Streifens. Fahre fort, bis du wieder am Ausgangspunkt angekommen bist. Du siehst sofort, dass die Schleife nur eine Seite hat.

4. Schneide den Streifen an der Linie entlang in zwei Hälften. Was passiert?

Magische Malfolgen

Jedes Kind muss in der Schule das Einmaleins lernen. Es ist tatsächlich eines der nützlichsten Dinge, die auf dem Lehrplan stehen. Allerdings ist es gar nicht so einfach, sich die ganzen Zahlen zu merken, weshalb wir dir hier ein paar Tricks an die Hand geben.

Für die Malfolge mit der **4** verdoppelst du die erste Zahl und verdoppelst das Ergebnis dann noch einmal.

Zum Beispiel: 6 x 4

1. Zahl verdoppeln: 6 x 2 = 12
Ergebnis verdoppeln: 12 x 2 = 24

6 x 4 = 24

Für die Malfolge mit der **5** halbierst du die erste Zahl und multiplizierst das Ergebnis mit 10.

Zum Beispiel: 6 x 5

1. Zahl halbieren: Hälfte von 6 = 3
Mit 10 multiplizieren: 3 x 10 = 30

6 x 5 = 30

Für die Malfolge mit der **9** brauchst du nur deine 10 Finger.

Strecke deine Hände flach nach vorn aus. Nummeriere die Finger im Kopf von 1 bis 10 durch. Um eine Zahl mit 9 zu multiplizieren, musst du den entsprechenden Finger nach unten klappen. Zähle nun die Finger links davon (= 1. Ziffer des Ergebnisses) und dann die Finger rechts davon (2. Ziffer des Ergebnisses).

Zum Beispiel: 6 x 9
Rechter Daumen eingeklappt, 5 Finger links, 4 rechts.

6 x 9 = 54

Rechnen: Fingertaschenrechner

Mit 10 Fingern kannst du zwei beliebige Zahlen zwischen 6 und 10 multiplizieren. Wenn du weißt, wie's geht, kannst du dich an die Aufgaben im Kasten machen.

Halte deine Hände so vors Gesicht, dass du auf die Handflächen blickst und die Finger zueinander weisen.

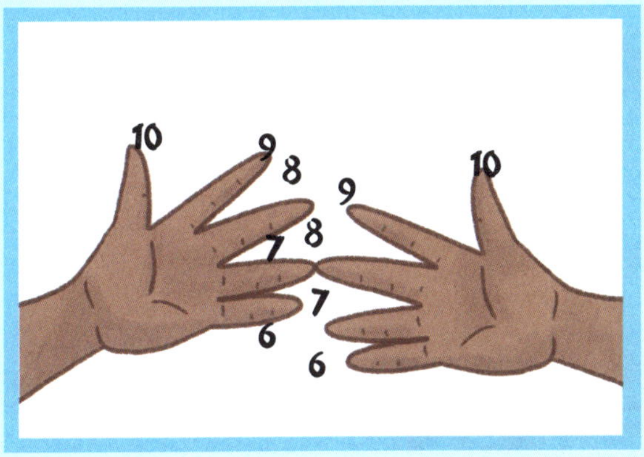

1. Nummeriere deine Finger wie abgebildet im Kopf durch, der Daumen ist jeweils die 10. Zum Multiplizieren berühren sich die entsprechenden Finger, hier die 7 und die 8 (7 x 8).

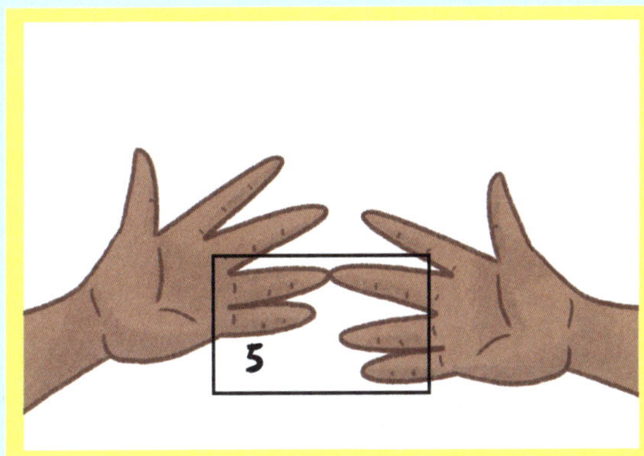

2. Zähle die sich berührenden Finger und alle darunter und hänge dem Ergebnis eine 0 an. Hier sind es 5 Finger, mit angehängter 0 kommen wir auf 50.

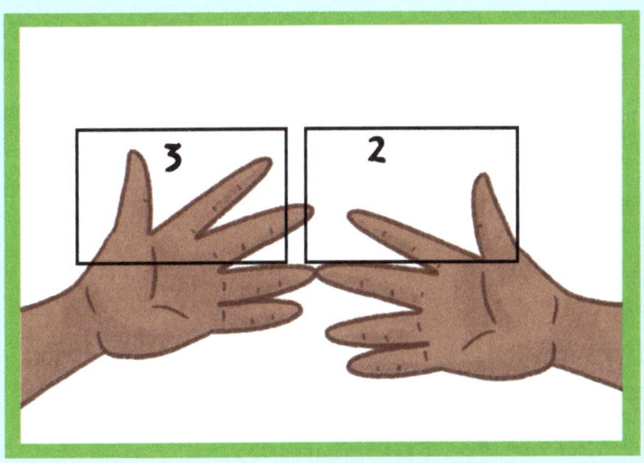

3. Zähle nun auf jeder Seite die Finger oberhalb der sich berührenden Finger und multipliziere die beiden Zahlen miteinander (hier 3 x 2 = 6). Addiere das Ergebnis zur ersten Zahl (50 + 6) und du hast die Lösung: 7 x 8 = 56.

Wende den Rechentrick nun auch hier an:

6 x 7　　9 x 8

8 x 10　　10 x 6

7 x 9　　7 x 10

9 x 10　　9 x 9

6 x 8　　6 x 9

Lösungen auf Seite 60.

Der Goldene Schnitt

In der Mathematik gibt ein Verhältnis an, wie sich zwei Zahlen zueinander verhalten. Bei 9 Äpfeln und 6 Bananen z.B. ist das Verhältnis 3:2 – hier kommen 3 Äpfel auf jeweils 2 Bananen. Und ein ganz bestimmtes mathematisches Verhältnis stellt der »Goldene Schnitt« dar.

Die zweite Zahl bei diesem Verhältnis setzt sich eigentlich unendlich fort. Wir runden der Einfachheit halber auf 1,618 ab.

Der Goldene Schnitt lautet:

1:1,6180339887498948420 ...

Aber woher kommt der Goldene Schnitt? Er beschreibt die Form eines bestimmten Typs von Rechteck, des »Goldenen Rechtecks«, das 1,618 mal so lang wie breit ist.

Künstler und Architekten verwenden bei ihrer Arbeit oft das Goldene Rechteck oder den Goldenen Schnitt.

Schneidet man von einem Goldenen Rechteck ein Quadrat ab, ergibt sich ein kleineres Goldenes Rechteck.

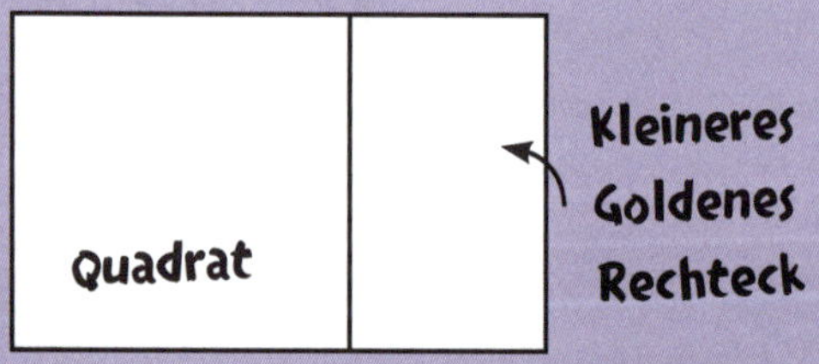

Schneidet man von diesem kleineren Goldenen Rechteck ein Quadrat ab, passiert dasselbe – wieder und wieder und wieder ...

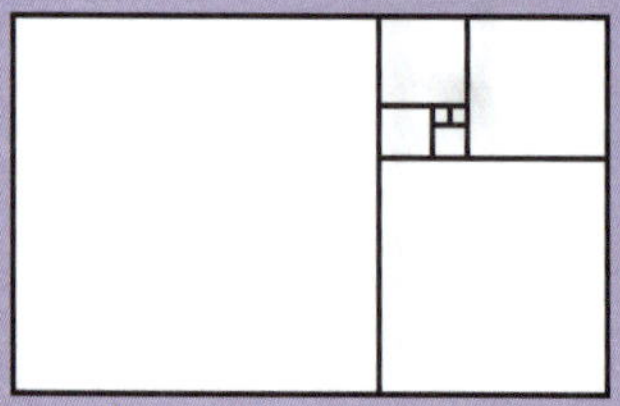

Zeichnen: Die Goldene Spirale

Mit dem Goldenen Schnitt kann man auch wunderschöne Spiralen zeichnen.

1. Zeichne mit Lineal und Bleistift ein großes Goldenes Rechteck auf ein Blatt Papier. Zeichne im nächsten Schritt zuerst die kurze Seite des kleineren Goldenen Rechtecks.

2. Multipliziere die Länge der kurzen Seite mithilfe eines Taschenrechners mit 1,618 – das Ergebnis ist die Länge der langen Seite. Zeichne dem Rechteck ein Quadrat ein.

3. Zeichne nun auch dem kleineren Goldenen Rechteck ein Quadrat ein und fahre so fort, bis die Quadrate zu klein zum Einzeichnen sind.

4. Verbinde in jedem Quadrat mit einem andersfarbigen Stift jeweils die gegenüberliegenden Ecken durch eine Kurve.

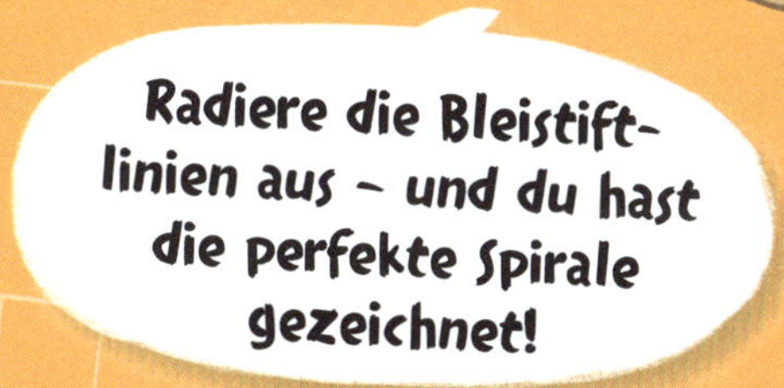

Geheim-codes

Seit Menschengedenken werden Zahlen zum Kodieren von Dingen benutzt, die geheim bleiben sollen, das ist auch heute noch weitverbreitet. Beim Online-Shoppen etwa werden die Zahlungsdetails in Zifferncodes verwandelt und so sicher übermittelt.

Bei einem einfachen Zahlencode stehen die Ziffern jeweils für einen Buchstaben. Das könnte beispielsweise der Reihe nach geschehen:

A	B	C	D	E	F	G	H	I	J	K	L	M	N	O	P	Q	R	S	T	U	V	W	X	Y	Z
1	2	3	4	5	6	7	8	9	10	11	12	13	14	15	16	17	18	19	20	21	22	23	24	25	26

Damit könnte man eine Botschaft wie diese schreiben:

4 1 19   23 1 18   12 5 9 3 8 20

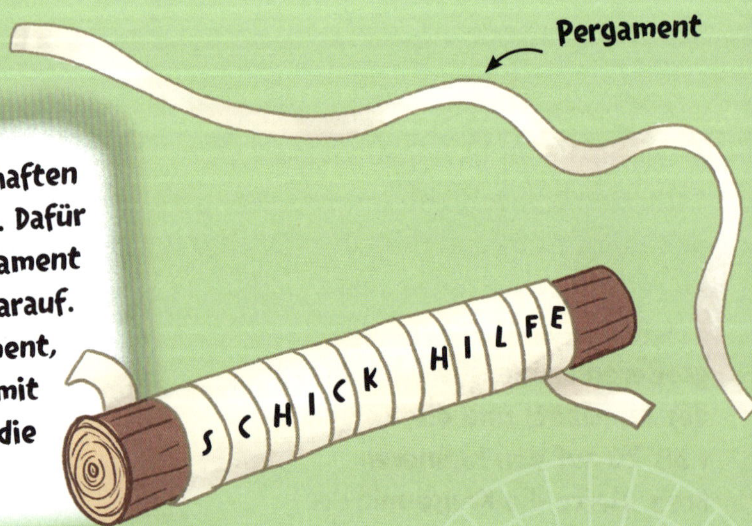

Die alten Griechen verfassten Geheimbotschaften mithilfe eines speziellen Stabs, der Skytale. Dafür wickelte der Absender einen Streifen Pergament um einen Stab und schrieb die Botschaft darauf. Ein Bote überbrachte lediglich das Pergament, und nur wenn der Empfänger einen Stab mit demselben Durchmesser hatte, konnte er die Botschaft lesen.

Basteln: Chiffrierscheibe

Mit einer Chiffrierscheibe kann man verschiedene Zahlencodes für unterschiedliche Botschaften verwenden – was sie besonders schwer zu knacken macht. Absender und Empfänger brauchen jeweils eine eigene Chiffrierscheibe.

Du benötigst:

- Karton
- Bleistift
- Zirkel oder 2 Gläser mit verschiedenem Durchmesser
- Schere
- Lineal
- Spreizklammer

1. Zeichne zwei Kreise auf Karton auf, einen mit 10 cm Durchmesser und einen mit 8 cm Durchmesser. Schneide sie aus und bohre in der Mitte jeweils ein Loch hinein.

2. Teile die Kreise in 26 gleich große Segmente ein. Dafür kannst du auch die Vorlage unten abpausen.

3. Schreibe an den Rand des größeren Kreises die Buchstaben des Alphabets und die Ziffern 1 bis 26 auf den kleineren Kreis. Hefte die Kreise mit der Spreizklammer zusammen.

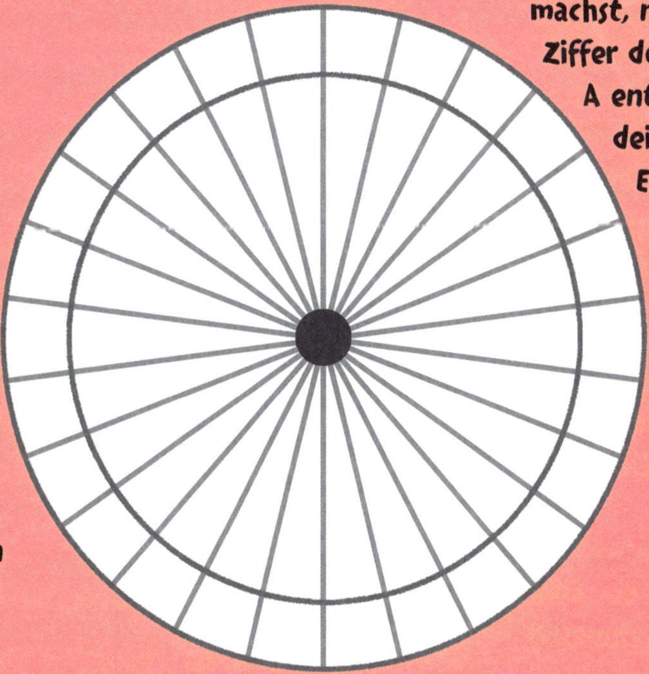

4. Bevor du dich ans Kodieren deiner Botschaft machst, notiere, welche Ziffer dem Buchstaben A entspricht – das ist dein Zifferncode! Ersetze bei deiner Botschaft jeden Buchstaben durch die jeweilige Ziffer.

Symmetrische Seiten

Symmetrie ist eine Eigenschaft von Formen. Ist eine Form symmetrisch, ist eine Seite das exakte Spiegelbild der anderen. Die Linie in der Mitte, an der sich die Seite spiegelt, nennt man Symmetrieachse.

Im Alltag ist vieles symmetrisch oder fast symmetrisch. Alle regelmäßigen Formen besitzen mindestens eine Symmetrieachse.

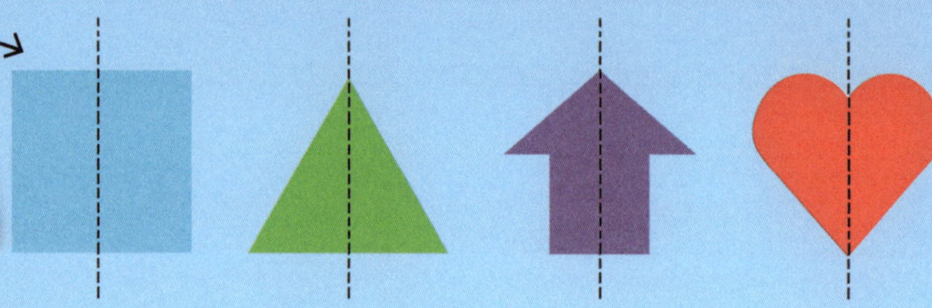

Diese Form ist nicht symmetrisch! Man kann sie nicht in zwei spiegelgleiche Seiten teilen, wo immer man auch die Linie zieht.

Sieh dich mal um: Was in deiner unmittelbaren Umgebung ist alles symmetrisch?

Auch viele Lebewesen sind symmetrisch, unser Gesicht ist ebenfalls symmetrisch angelegt. Tiere haben auf beiden Körperseiten meist die gleiche Anzahl von Beinen oder Flügeln.

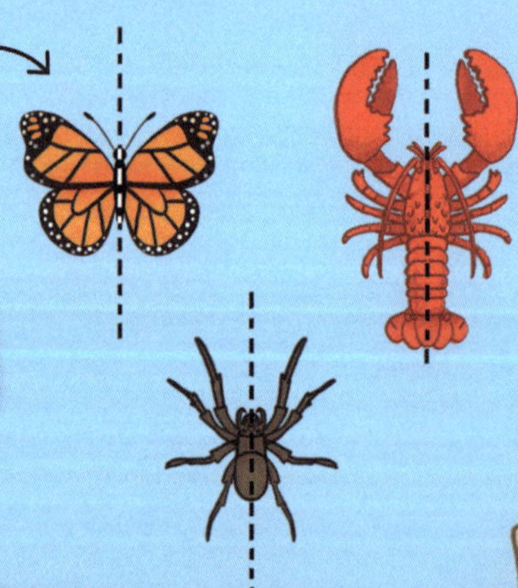

Nicht zuletzt sind auch vom Menschen geschaffene Gegenstände häufig symmetrisch, seien es nun Gebäude, Brücken oder Flaschen.

Zeichnen: Fehlende Seite

Ein richtiger Künstler bist du, wenn es dir gelingt, mithilfe der Symmetrie eine Hälfte deines Gesichts zu zeichnen. Versuche auch, dies auf andere Dinge anzuwenden.

1. Mach zunächst ein Foto von dir selbst. Sieh dabei direkt in die Kamera.

2. Druck das Foto aus und schneide es in der Mitte in zwei Hälften.

3. Klebe eine Hälfte auf ein weißes Blatt Papier und versuche, die fehlende Hälfte zu zeichnen.

4. Wenn dir das schwerfällt, kannst du die Fotohälfte auch auf ein Papier mit Rasterung kleben.

Immer rundherum

Ist dieser Propeller symmetrisch? Mithilfe einer Linie in zwei identische Hälften teilen kann man ihn nicht. Er besitzt jedoch eine andere Art von Symmetrie: die Rotationssymmetrie.

Dreht man die Form teilweise, sieht sie wieder so aus wie zuvor. Im Fall unseres Propellers kann man sie auf diese Weise in vier verschiedene Positionen drehen. Deshalb spricht man hier von 4-zähliger Rotationssymmetrie.

1 Drehen 2 Drehen 3 Drehen 4

Viele Gegenstände um uns herum besitzen die Eigenschaft der Rotationssymmetrie.

Windrad

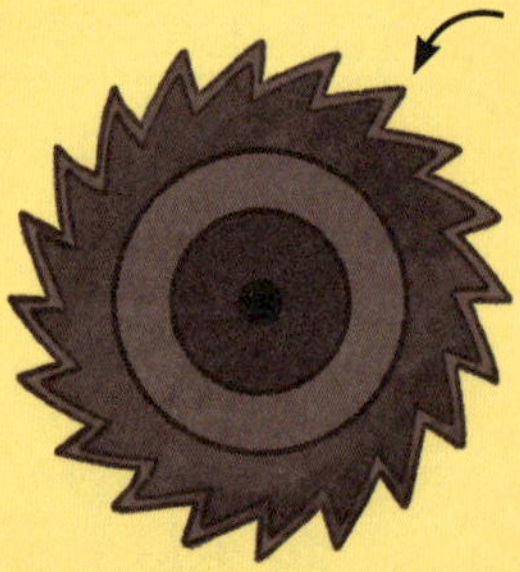

Zahnkranz

Manche Dinge sind in mehrfacher Hinsicht symmetrisch. Eine Schneeflocke z. B. besitzt mehrere Symmetrieachsen und verfügt über Rotationssymmetrie.

Basteln: Schneeflocken

Vielleicht hast du schon einmal Schneeflocken gebastelt, indem du Papier gefaltet und Muster ausgeschnitten hast. Dieselbe Methode kannst du auf alle möglichen anderen Formen anwenden, die rotationssymmetrisch sind.

Du benötigst:

- Zirkel oder Teller bzw. Schüsseln zum Umzeichnen
- Papier
- Bleistift
- Schere

6-zählig

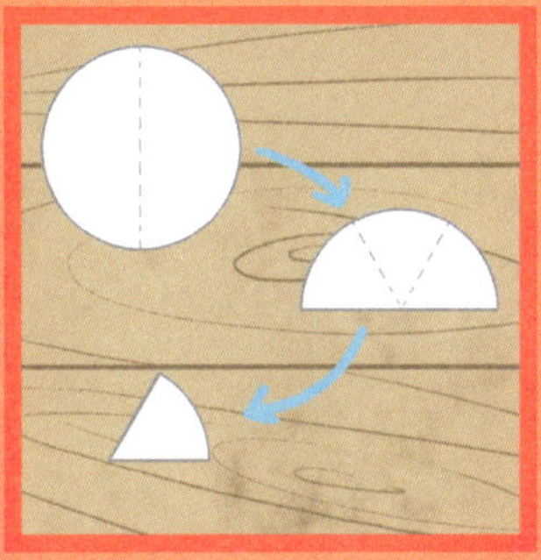

1. Schneide einen Papierkreis aus, falte ihn in der Mitte und dann noch zweimal wie abgebildet.

2. Schneide daraus kleine Formen aus, aber lass dabei etwas Papier an den Rändern stehen.

3. Falte das Papier auseinander und sieh dir deine Schneeflocke mit 6-zähliger Rotationssymmetrie an.

4-zählig

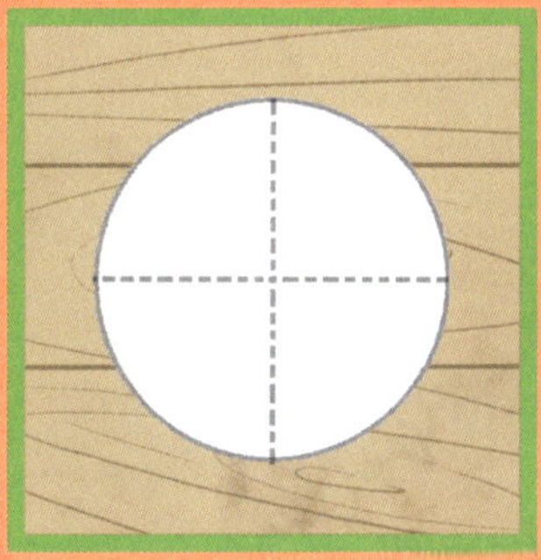

Für eine 4-zählige Rotationssymmetrie faltest du den Kreis zweimal in der Mitte.

8-zählig

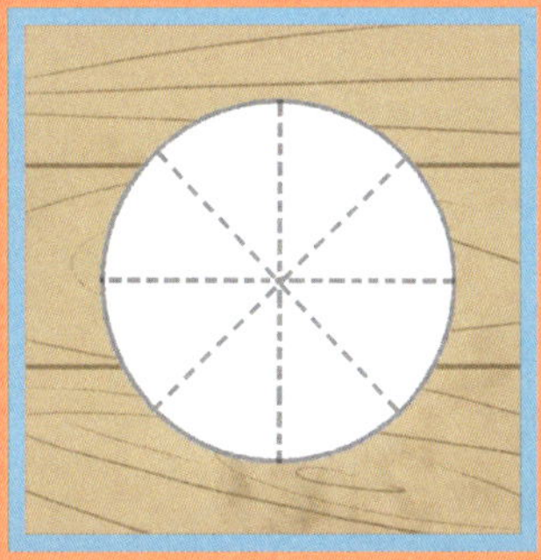

Für eine 8-zählige Rotationssymmetrie faltest du den Kreis dreimal in der Mitte.

Warum sind Räder rund?

Hättest du gern ein Fahrrad mit quadratischen oder dreieckigen Rädern? Wahrscheinlich nicht, das würde nämlich nicht rollen. Aber warum nicht?

Fahrzeuge mit Rädern, also Fahrräder, Autos und Skateboards, besitzen Achsen, an denen die Räder befestigt sind. Die Achse führt durch die Mitte des Rades.

Der Durchmesser eines Kreises entspricht der Länge einer genau durch die Mitte gezogenen Linie.

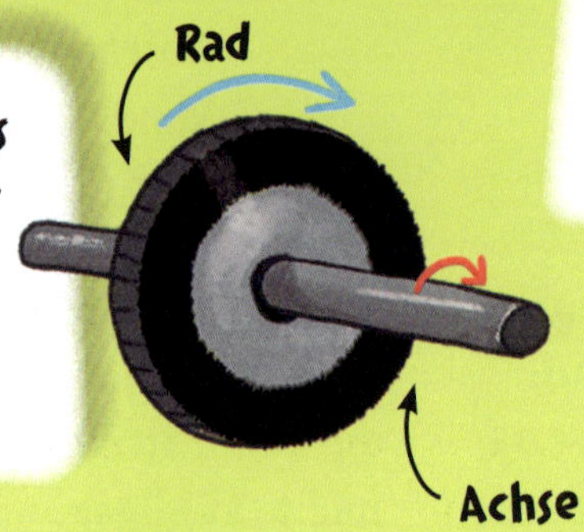

Wie sähe das Ganze mit quadratischen Rädern aus?

Rollt ein Rad, ist sein Mittelpunkt immer gleich weit vom Boden entfernt. Deshalb verläuft die Fahrt ruhig und nicht holprig.

Beim Quadrat ist der Abstand vom Mittelpunkt zum Rand nicht immer derselbe: Bis zu den Seiten ist er kürzer als bis zu den Ecken.

Basteln: Zauberdreieck

Was meinst du: Gibt es außer dem Kreis noch eine geometrische Form, bei der der Abstand vom Mittelpunkt zum Rand immer gleich ist?

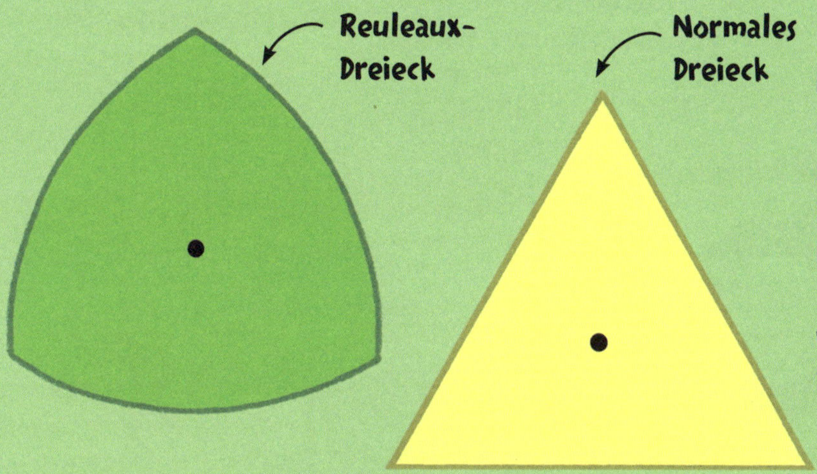

Nimm ein Lineal zur Hand und miss beim normalen Dreieck den Abstand vom Mittelpunkt zum Rand. Wie beim Quadrat ist er auch hier (fast) immer unterschiedlich.

Wiederhole das Ganze nun mit dem Reuleaux-Dreieck. Was passiert?

Reuleaux-Räder

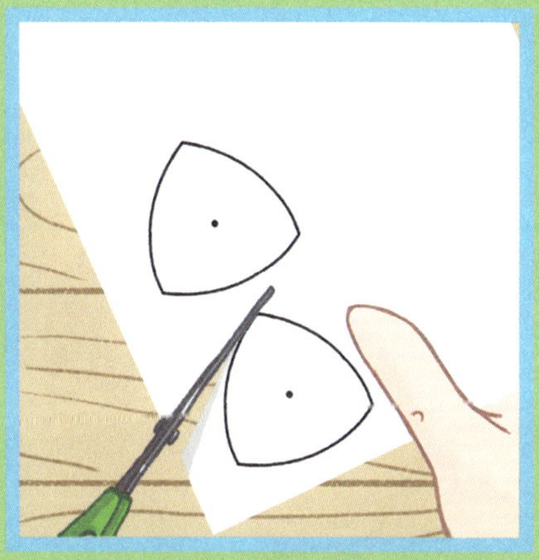

Zum Basteln von Rädern aus Reuleaux-Dreiecken malst du das Dreieck oben zweimal auf dickem Karton nach und schneidest die Dreiecke aus.

Stecke einen Bleistift durch die beiden Mittelpunkte der Dreiecke – der Bleistift ist die Achse – und rolle die Räder über die Tischplatte.

Was denkst du: Wird es eine ruhige oder eine holprige Fahrt?

Zusammenfügen

Wer seine Badezimmerwand fliesen möchte, braucht Fliesen, die genau zusammenpassen und vielleicht sogar ein Muster ergeben. Lücken darf es zwischen den Fliesen keine geben.

Das muss man nicht unbedingt mit Fliesen machen, auch geometrische Formen wie Quadrate und Dreiecke eignen sich dafür.

Kreise eignen sich nicht, weil sich zwischen diesen immer Lücken ergeben, egal wie man sie anordnet.

Bienen verwenden Hexagone, Sechsecke, für ihre Waben.

Hexagone fügen sich lückenlos aneinander.

Man kann auch zwei verschiedene Formen ohne Lücken aneinanderfügen. Sie ergeben dann ein komplexeres Muster.

Das funktioniert nicht nur mit einfachen geometrischen Formen, sondern auch mit regelrechten Abbildungen von Dingen.

Rätseln: Was fügt sich aneinander?

Unten sind einige geometrische Formen abgebildet, von einfach bis außergewöhnlich und wunderschön. Welche davon fügen sich lückenlos aneinander und ergeben ein Muster?

Du kannst dir das überlegen oder es ausprobieren: Übertrage die Formen mehrmals auf Papier oder Karton, schneide sie aus und füge sie aneinander.

Das fehlende Quadrat

Wie du vielleicht schon weißt, kannst du die Fläche eines Quadrats, Rechtecks oder Dreiecks berechnen, wenn du die jeweiligen Seitenlängen kennst. Du machst es dir einfacher, wenn du die Formen auf kariertes Papier zeichnest.

Beim Quadrat oder Rechteck berechnet sich die Fläche durch die Multiplikation von Länge und Breite.

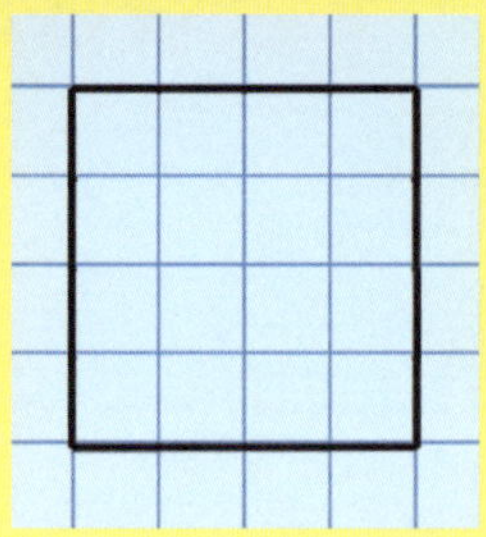

Länge: 4 Kästchen
Breite: 4 Kästchen
4 x 4 = 16
Fläche = 16 Kästchen

Länge: 18 Kästchen
Breite: 12 Kästchen
12 x 18 = 216
Fläche = 216 Kästchen

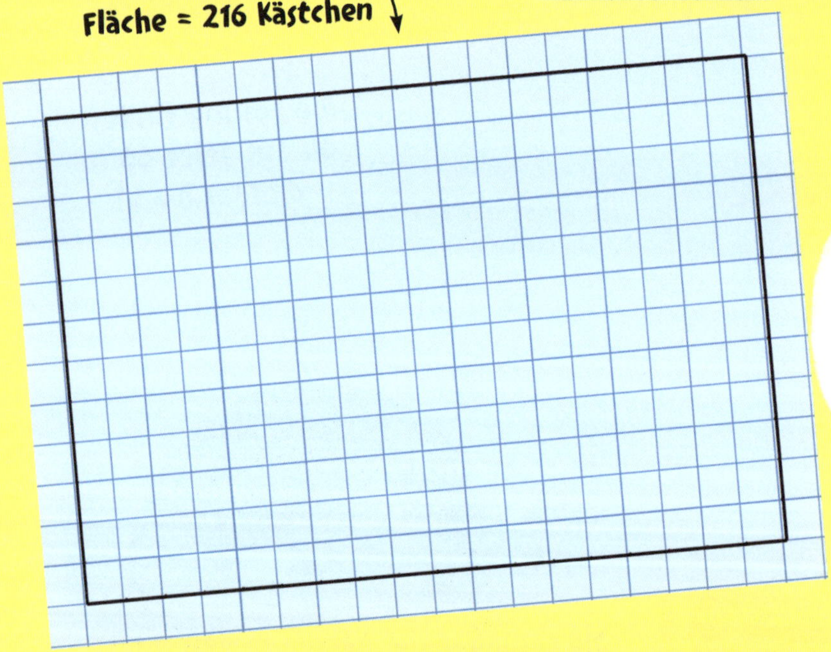

Mit diesem Wissen solltest du das Rätsel auf der gegenüberliegenden Seite lösen können ... oder?

Beim rechtwinkligen Dreieck multipliziert man die Länge mit der Breite und teilt das Ergebnis durch 2.

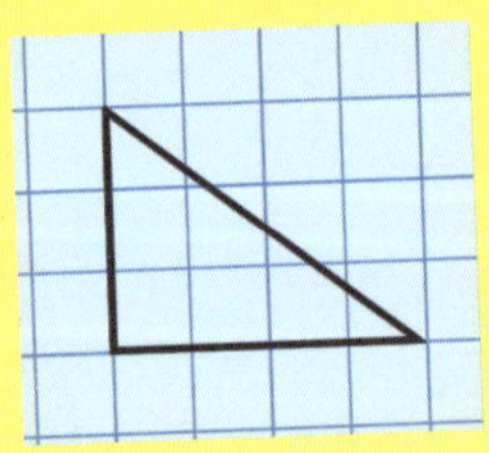

Länge: 4 Kästchen
Breite: 3 Kästchen
4 x 3 = 12
12 ÷ 2 = 6
Fläche = 6 Kästchen

Rechnen: Wo ist das Quadrat?

Dieses Dreieck auf kariertem Papier besteht aus mehreren einfachen geometrischen Formen, die wie die Teile eines Puzzles aneinandergefügt werden.

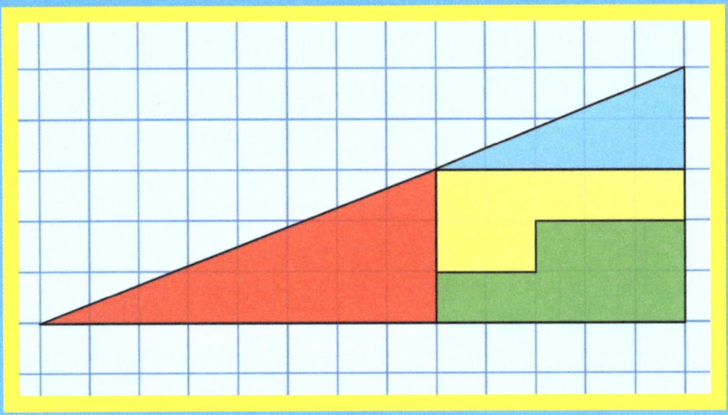

Da es sich dabei um ein rechtwinkliges Dreieck mit 13 Kästchen Länge und 5 Kästchen Breite handelt, berechnet sich seine Fläche wie folgt:

13 x 5 = 65
65 ÷ 2 = 32,5 Kästchen

Ordnet man die Puzzleteile jedoch anders an, bleibt ein Quadrat oder Kästchen übrig! Die Fläche des Dreiecks ist geschrumpft, sie ist jetzt ein Kästchen kleiner. ODER NICHT?

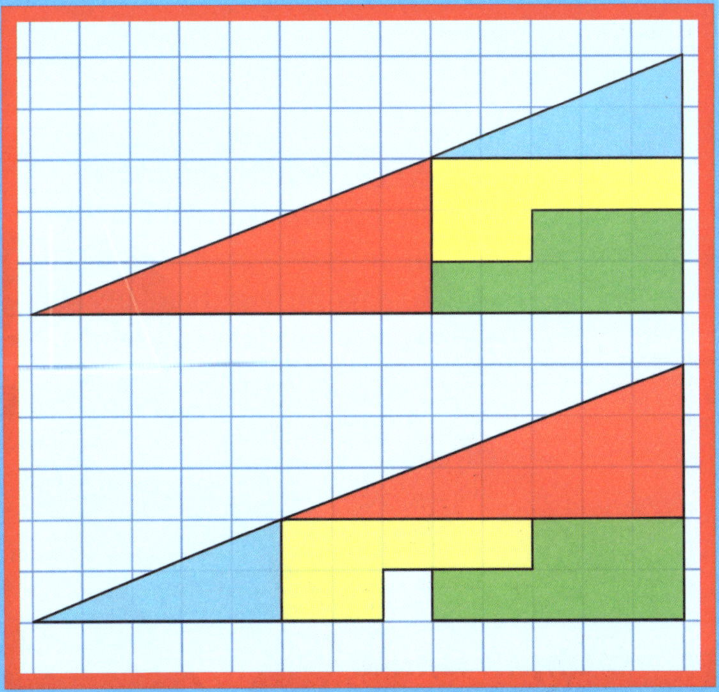

Was ist passiert? Male die einzelnen Teile auf Papier nach und schneide sie aus. Lege sie anschließend wie abgebildet zusammen.

Die Lösung dieses Rätsels findest du auf Seite 60.

Prim-zahlen

Primzahlen sind sehr mysteriös – aber was ist überhaupt eine Primzahl? Unter Primzahl versteht man eine ganze Zahl, die größer als 1 ist und nur durch sich selbst und durch 1 teilbar ist.

7 ist eine Primzahl:
1 x 7 = 7
7 x 1 = 7

6 ist keine Primzahl, da man sie durch 2 teilen kann (= 3) oder durch 3 (= 2). Man bekommt die 6, wenn man die 3 mit der 2 multipliziert. Nicht-Primzahlen, die größer sind als 2, nennt man zusammengesetzte Zahlen.

6 ist eine zusammengesetzte Zahl:
1 x 6 = 6
6 x 1 = 6

Aber auch ...
2 x 3 = 6
3 x 2 = 6

Kannst du hier ein Muster erkennen? Kannst du sagen, wie die nächste Primzahl nach der 100 lautet?

1	**2**	**3**	4	**5**	6	**7**	8	9	10
11	12	**13**	14	15	16	**17**	18	**19**	20
21	22	**23**	24	25	26	27	28	**29**	30
31	32	33	34	35	36	**37**	38	39	40
41	42	**43**	44	45	46	**47**	48	49	50
51	52	**53**	54	55	56	57	58	**59**	60
61	62	63	64	65	66	**67**	68	69	70
71	72	**73**	74	75	76	77	78	**79**	80
81	82	**83**	84	85	86	87	88	**89**	90
91	92	93	94	95	96	**97**	98	99	100

Wenn du ein Muster erkennen kannst, bist du wirklich ein Mathe-Magier! Das Seltsame an Primzahlen ist nämlich, dass bislang niemand ein solches Muster entdecken konnte.

Spielen: Primzahlen-Snap

Snap ist in englischsprachigen Ländern ein beliebtes Kartenspiel, bei dem es auf genaue Beobachtung und eine schnelle Reaktion ankommt.

Du benötigst:

- 4 Blatt dünnen Kartons, jeweils ca. 210 x 300 mm
- Lineal
- Bleistift
- Schere
- Filzstift

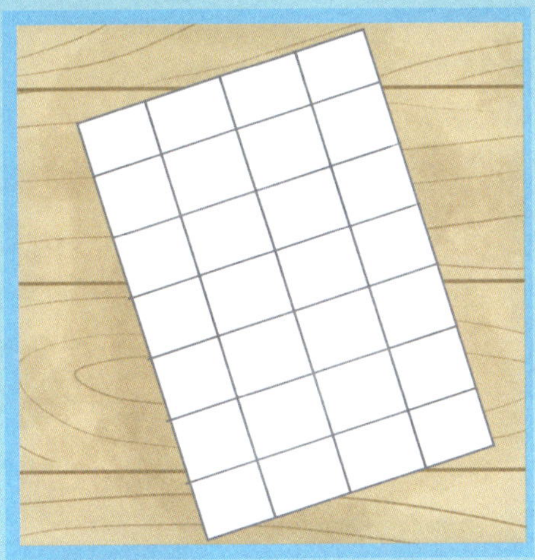

1. Teile die Kartonblätter mit Lineal und Bleistift in jeweils 28 Rechtecke ein und schneide diese aus.

2. Schreibe mit Filzstift die Zahlen 1 bis 100 auf die Kärtchen, die nun deine Spielkarten sind. Dabei bleiben zwölf Kärtchen übrig.

3. Misch die Karten und teile sie mit der beschrifteten Seite nach unten an 2 oder mehr Spieler aus. Nun drehen die Spieler abwechselnd jeweils eine Karte um und legen sie gut sichtbar in die Mitte. Steht eine Primzahl auf der Karte, bekommt der Spieler, der als Erster »Primzahl!« ruft, die Karte mitsamt dem Stapel darunter. Gewonnen hat der, der als Erster alle 100 Karten besitzt.

Dia-gramme

Mit Diagrammen kann man Informationen bildlich darstellen. So sind sie leichter zu verstehen. Auch kann man sie dann auf einen Blick mit anderen Informationen vergleichen.

Das Diagramm unten nennt man Balkendiagramm. Es zeigt die verschiedenen Haustierarten, die eine bestimmte Gruppe von Menschen besitzt.

Hier sieht man auf einen Blick, dass Katzen und Hunde die beliebtesten Haustiere innerhalb dieser Gruppe sind, wohingegen Ratten die unbeliebtesten sind.

Dieses Kurvendiagramm zeigt, wie sich die Größe eines Menschen im Laufe seines Lebens verändert.

Die Einheiten, auf die sich die dargestellten Informationen beziehen, werden unter (auf der X-Achse) und links neben (auf der Y-Achse) dem Diagramm notiert. So kann man einen bestimmten Punkt markieren, etwa C5.

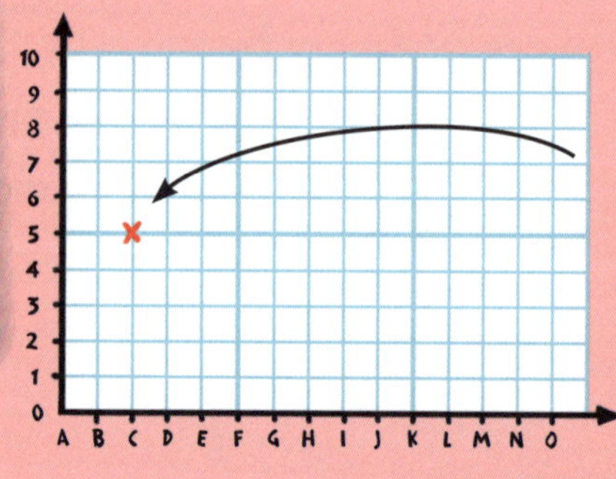

Mithilfe der X- und der Y-Achse kann man jeden beliebigen Punkt im Diagramm markieren.

Zeichnen: Punkt für Punkt

Wenn du die Koordinaten für die X- und die Y-Achse im Diagramm unten markierst, mit der entsprechenden Zahl versiehst und die Punkte anschließend in der Reihenfolge der Zahlen durch Linien verbindest, ergibt sich ein Bild.

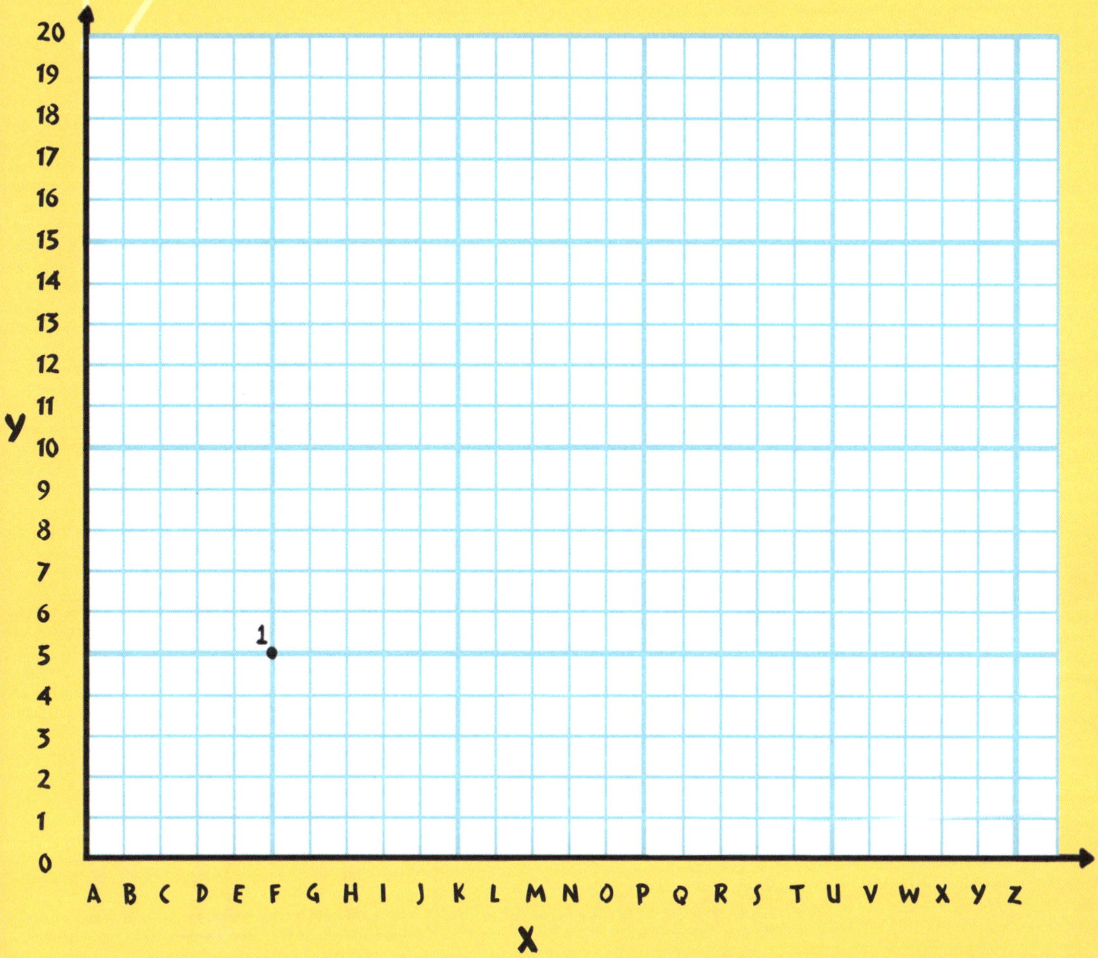

Koordinaten (XY):

1. F5
2. F6
3. G6
4. G7
5. H10
6. H11
7. J13
8. J15
9. J13
10. H11
11. G10
12. G12
13. H14
14. H15
15. G14
16. E14
17. C15
18. D15
19. C16
20. C15
21. C16
22. F16
23. G17
24. I17
25. L14
26. S14
27. W10
28. Y12
29. Z14
30. Z12
31. W8
32. U9
33. U10
34. U8
35. T7
36. U7
37. U6
38. V6
39. U5
40. T5
41. T6
42. S7
43. T9
44. S7
45. Q5
46. O5
47. P6
48. Q6
49. R7
50. P8
51. P10
52. S12
53. P10
54. P9
55. M9
56. K8
57. K9
58. J10
59. K9
60. K8
61. K7
62. M7
63. M6
64. K6
65. J8
66. I10
67. J8
68. G5
69. F5

Das fertige Bild findest du auf Seite 60 in diesem Buch.

Tortenstücke

Das Tortendiagramm, das wie eine Torte in Stücke eingeteilt ist, zeigt auf einen Blick, wie sich etwas aufteilt. Es heißt auch Kuchendiagramm oder Kreisgrafik – die eindeutig leckerste Bezeichnung aber ist Tortendiagramm!

Ein Tortendiagramm ist ein Kreis, der in Abschnitte verschiedener Größen eingeteilt ist. Diese Abschnitte stehen jeweils für unterschiedliche Dinge. Gemessen werden Abschnitte in Grad bzw. °. Ein ganzer Kreis umfasst 360°, ein halber 180°, ein viertel Kreis 90° und so weiter.

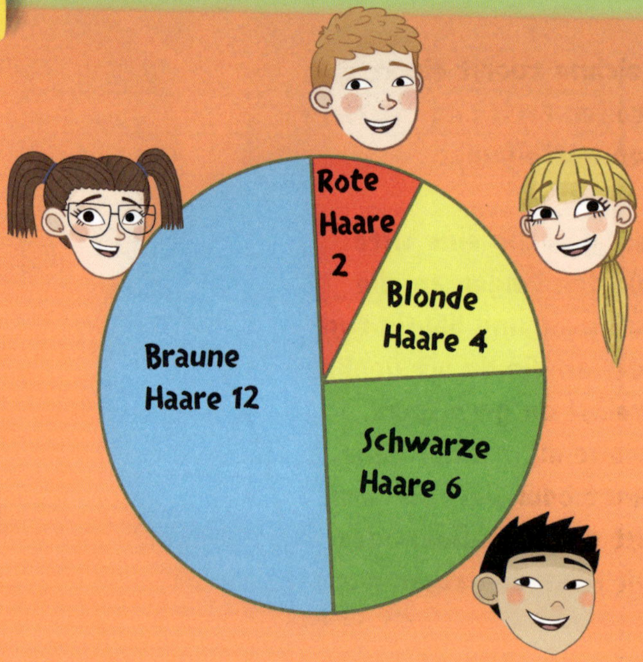

Grade misst man mit einem Winkelmesser.

Mal angenommen, du wolltest ein Tortendiagramm von der Verteilung der Haarfarben in deiner Klasse, die 24 Schüler umfasst, anfertigen. Dafür musst du zählen und rechnen:

Braune Haare: 12 Schüler = die Hälfte von 24, ½ Kreis, 180°

Schwarze Haare: 6 Schüler = ein Viertel von 24, ¼ Kreis, 90°

Blonde Haare: 4 Schüler = ein Sechstel von 24, 1/6 Kreis, 60°

Rote Haare: 2 Schüler = ein Zwölftel von 24, 1/12 Kreis, 30°

Dein persönliches Tortendiagramm

Fertige dir dein eigenes Tortendiagramm an, das deine persönlichen Interessen zeigt. Was machst du am liebsten? Was beschäftigt dich am meisten?

Zeichne zuerst einen großen Kreis und markiere den Mittelpunkt.

Fertige dann eine Liste mit den Dingen an, die du magst und häufig tust oder an die du oft denkst. Treibst du gern Sport, spielst du in einer Band, tanzt oder liest du gern, bist du gern allein oder mit Freunden zusammen?

Wähle aus, was in dein Tortendiagramm soll, und teile die Stücke so ein, dass das, was du am liebsten magst, den meisten Platz einnimmt.

Du kannst dein Tortendiagramm so bunt gestalten, wie du nur magst – du kannst sogar Bilder hineinkleben!

Faden-kreise

Du weißt wahrscheinlich, dass man mit einem Zirkel einen Kreis zeichnen kann. Der Zirkel basiert auf dem Prinzip, dass der Abstand zwischen Nadel und Bleistift beim Zeichnen immer gleich bleibt.

Der Radius eines Kreises, also der Abstand zwischen Mittelpunkt und Rand, ist um den ganzen Kreis herum gleich.

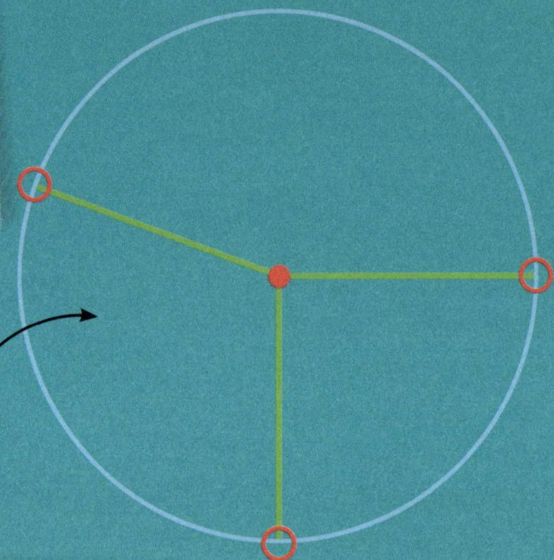

Mit dem Zirkel kann man einen exakten Kreis zeichnen.

Was aber, wenn man einen wirklich großen Kreis zeichnen will?

Dann benutzt man einen Faden! Außerdem brauchst du einen Bleistift und eine Reißzwecke. Befestige den Faden an einem Ende am Bleistift und am anderen an der Reißzwecke (sie ist der Mittelpunkt des Kreises). Fahre mit dem Bleistift einmal ganz um die Reißzwecke herum und achte darauf, dass der Faden dabei immer gespannt ist. So kannst du beliebig große Kreise zeichnen – wenn der Faden lang genug ist.

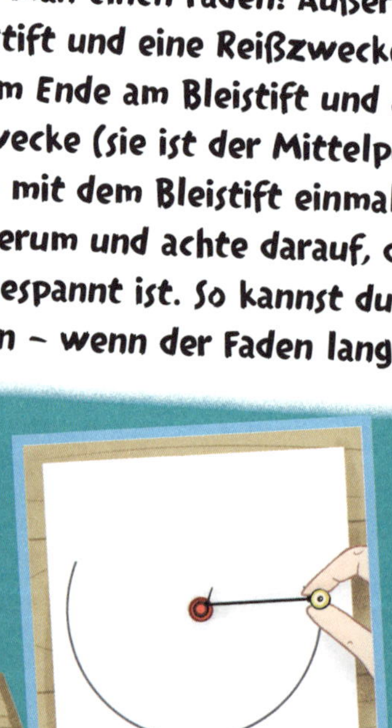

Basteln: Ellipsenzirkel

Mit dieser Technik kannst du auch Ellipsen, also Ovale, zeichnen.

Du benötigst:

- Papier
- Ein Brett, z. B. ein Schneidbrett aus der Küche
- 2 Reißzwecken
- Faden
- Bleistift

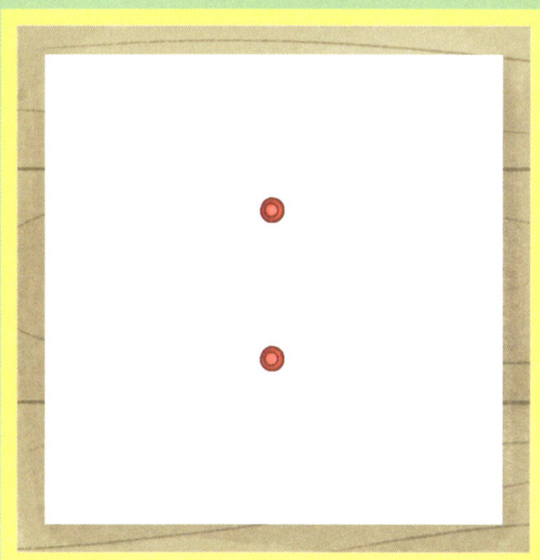

1. Lege das Papier auf das Brett und piekse die beiden Reißzwecken im Abstand von ca. 20 cm zueinander hinein.

2. Schneide ein ca. 45 cm langes Stück Faden ab und verknote es zu einer Schleife. Lege die Schleife um die beiden Reißzwecken.

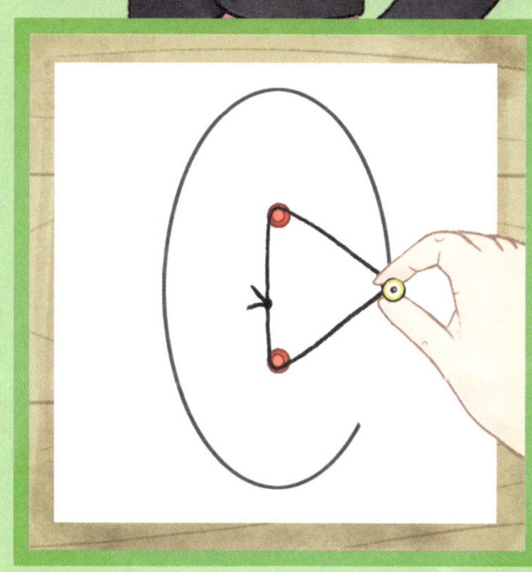

3. Setze den Bleistift innerhalb der Fadenschleife mit der Spitze aufs Papier und zieh den Stift von den Reißzwecken weg. Zeichne einmal um die Reißzwecken herum.

Gewinnchancen

Verblüffe deine Freunde mit dem Monty-Hall-Problem! Es heißt so, weil es ein kanadischer Moderator namens Monty Hall in seiner Spielshow verwendet hat. Und so funktioniert es.

Monty überlässt seinen Kandidaten die Wahl zwischen drei Türen. Nur hinter einer der Türen verbirgt sich der Gewinn.

Zu Beginn haben alle Türen die gleiche Gewinnchance. Unser Kandidat wählt Tür 1.

Diese Tür bleibt verschlossen, doch öffnet Monty eine andere … hinter der sich der Gewinn NICHT verbirgt.

Nun entscheidet der Kandidat: Bleibt er bei seiner ersten Wahl oder entscheidet er sich für Tür 2? Die meisten Leute bleiben bei ihrer Wahl, da sich die Gewinnchancen anscheinend nicht verändert haben.

Aber da liegen sie falsch! Tatsächlich hat der Kandidat eine größere Gewinnchance, wenn er sich umentscheidet.

Bei drei Türen beträgt die Gewinnchance 1:3. Bleiben nur noch zwei Türen und entscheidet sich der Kandidat um, verbessert sich die Gewinnchance auf 1:2.

Monty Hall öffnet die Tür nicht willkürlich. Hinter ihr verbirgt sich der Gewinn nie, und es ist auch nie die Tür, die der Kandidat gewählt hat. Deshalb führt das Umentscheiden auch immer zu einer besseren Gewinnchance.

Spielen: Sei Monty Hall

Verwirrt? Das geht nicht nur dir so – selbst Mathematiker haben sich daran schon die Zähne ausgebissen! Das Problem oder Dilemma zeigt, dass Chance und Wahrscheinlichkeit schwer zu verstehen sind. Probier das Spiel selbst aus, in deiner eigenen Version.

Du benötigst:

- 3 blickdichte Trinkbecher
- 2 kleine Steine
- 1 Münze
- Papier und Stift

1. Leg jeweils einen der Gegenstände unter einen der Becher und merk dir, wo was liegt.

2. Bitte einen Freund oder eine Freundin, einen Becher zu wählen, ohne diesen danach jedoch anzuheben.

3. Hebe stattdessen einen anderen Becher an, unter dem sich die Münze nicht befindet. Nun kann sich der Mitspieler noch umentscheiden.

4. Notiere, ob er oder sie sich umentschieden und ob er oder sie die Münze bekommen hat. Wiederhole das Ganze so oft wie möglich; du wirst sehen: Beim Umentscheiden steigt die Gewinnchance!

Sterne zeichnen

Ein von Hand gezeichneter Stern wird schnell mal krumm und schief. Nicht so allerdings, wenn man dafür eine Zauberformel hat!

Probier es für den Anfang mit diesem einfachen Stern mit fünf Spitzen.

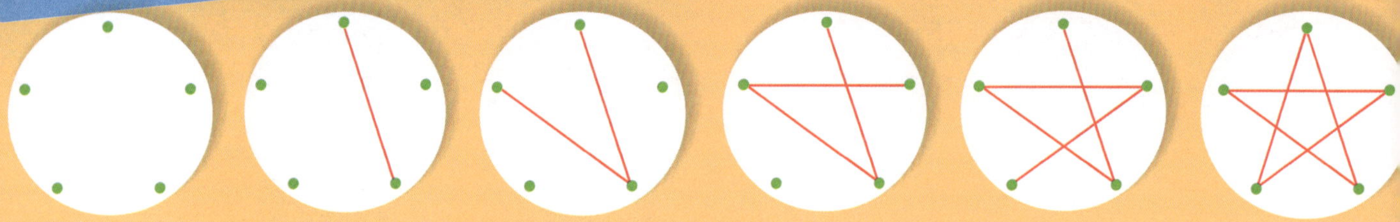

Zeichne fünf Punkte in einem Kreis.

Zeichne eine Linie von einem Punkt zum übernächsten.

Zeichne dann eine Linie von diesem Punkt zum wieder übernächsten.

Und wieder …

Und wieder …

Und wieder …

Auf diese Weise kann man alle möglichen Sterne zeichnen. Du brauchst dafür nur:

- Punkte in einem Kreis, egal wie viele
- Eine kleinere Zahl, die angibt, bis zu welchem Punkt auf dem Kreis du zählst

Die kleinere Zahl muss zwei Bedingungen erfüllen:

1. Sie muss weniger als halb so groß sein wie die Anzahl der Punkte.
2. Durch sie darf sich die Anzahl der Punkte nicht teilen lassen.

Bei 12 Punkten darf die zweite Zahl nicht 1, 2, 3 oder 4, kann aber 5 sein.

Such dir also einen Punkt aus, zähle fünf Punkte weiter und verbinde diese beiden Punkte mit einer Linie. Fahre so fort, bis du wieder am Ausgangspunkt angekommen bist.

Solche Sterne nennt man Sternpolygone. Ein Polygon ist ein Vieleck. Und jede Art von Sternpolygon trägt noch einen zusätzlichen Namen – im Beispiel links wäre das 12/5.

Zeichnen: Sternpolygone

Nun kannst du die folgenden Punktkreise in Sterne verwandeln! Folge dazu einfach der Formel auf Seite 36 unten. Versuch es dann auch mit eigenen Sternpolygonen. Welches ist das größte, das du dir ausdenken kannst?

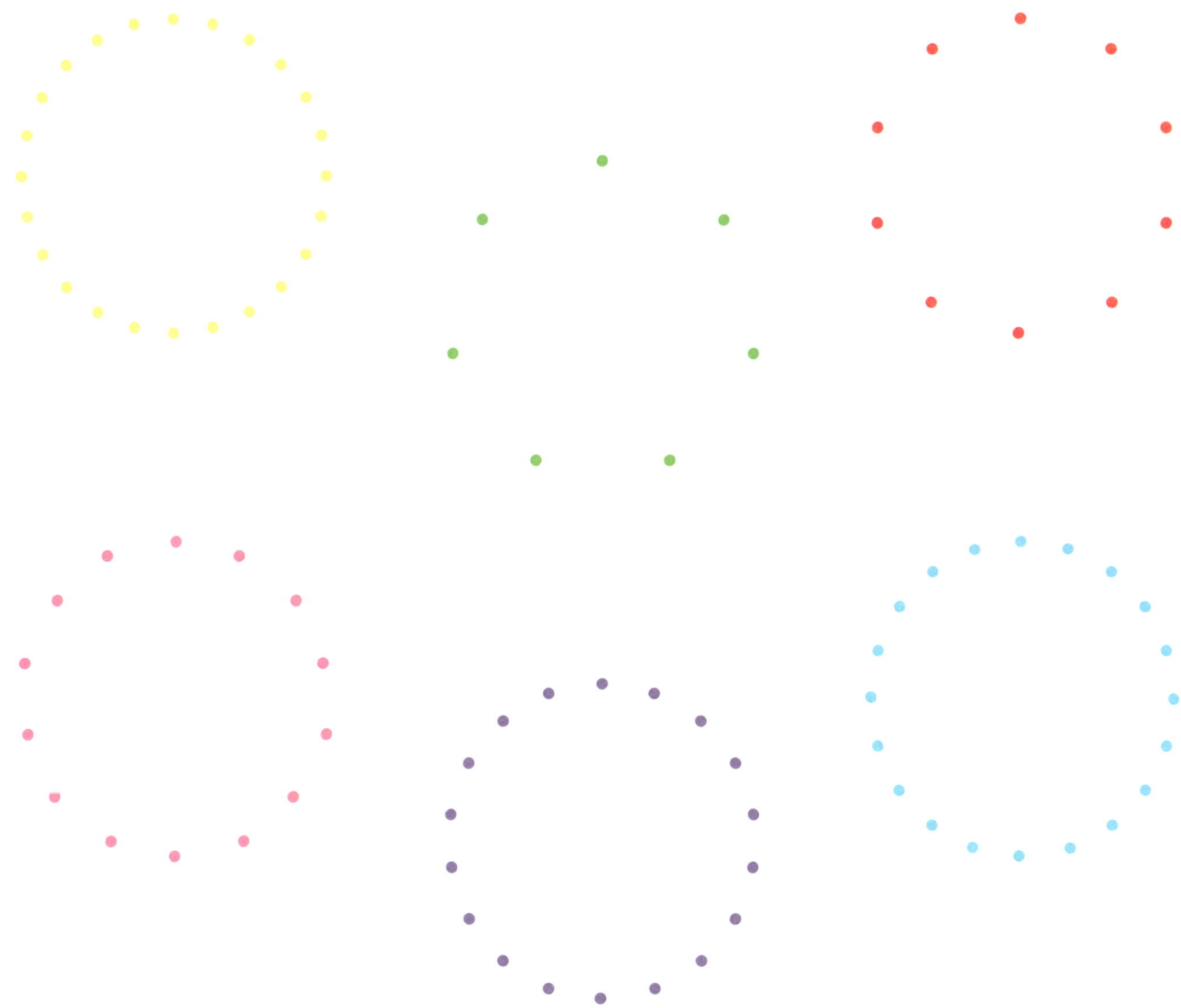

Polygone und Polyeder

Für geometrische Formen benutzen Mathe-Magier gern die Begriffe »Polygone« und »Polyeder« – und die sind gar nicht so verwirrend, wie sie klingen!

Ein Polyeder ist ein Körper, der von mehreren ebenen Flächen begrenzt wird.

Polygone sind zweidimensional und haben gerade Ränder. Viele von ihnen kennst du aus dem Alltag.

Polyeder sind gewissermaßen die 3D-Version der Polygone. Die Seiten eines Polyeders bestehen aus Polygonen.

Da sich Polyeder aus Polygonen zusammensetzen, kannst du dir einen Polyeder aus mehreren Polygonen basteln. Die Polyeder rechts z. B. sind mit dem dazugehörigen »Bauplan« abgebildet.

Basteln: Polyeder

Für diese Polyeder musst du die Vorlagen unten zunächst auf Karton übertragen und ausschneiden. Anschließend faltest du den Karton entlang der grünen bzw. roten Linien und klebst die Ränder (weiß) an die daran angrenzende Fläche.

Würfel

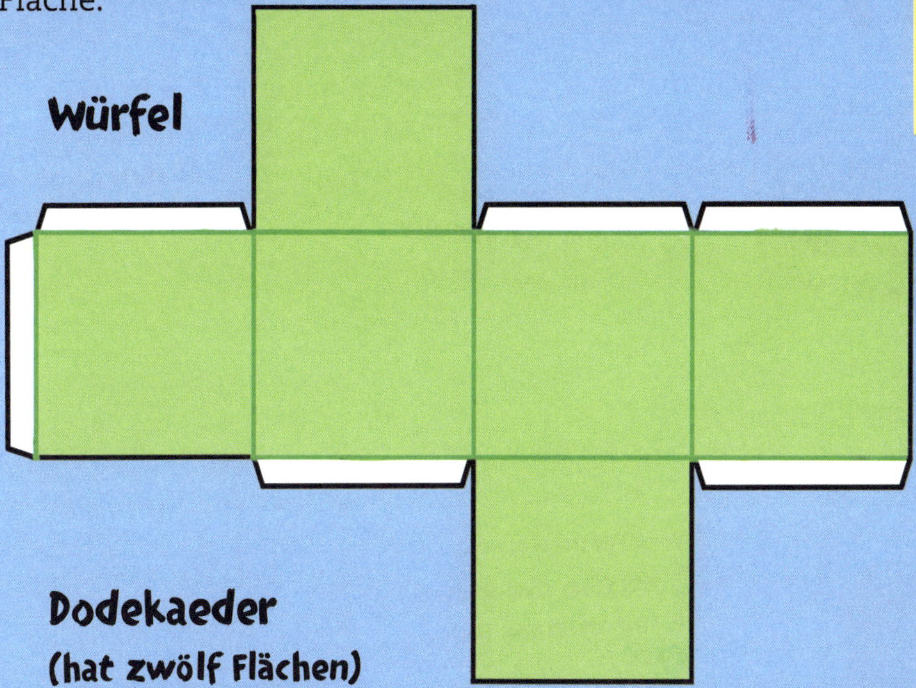

Die weißen Flächen sind die Kleberänder, sie müssen mit ausgeschnitten werden. Dann werden sie nach innen geklappt.

Dodekaeder

(hat zwölf Flächen)

Dazu bedarf es etwas Übung.

Verrückte Fraktale

Fraktale sind eine bestimmte Art von geometrischem Muster, bei dem sich dieselben Elemente in immer kleineren Größen wiederholen.

Fraktale gibt es auch in der Natur, z. B. bei Farnblättern. Deren Form wiederholt sich und wird dabei immer kleiner.

Ein anderes Beispiel für eine Fraktale in der Natur ist ein Flusssystem, bei dem Flüsschen in Flüsse münden, die wiederum in größere Flüsse münden, die wiederum in einen Strom münden.

Nicht nur Mathematiker, auch Künstler sind von fraktalen Mustern begeistert. Das Muster unten heißt Sierpinksi-Dreieck.

Man beginnt mit einem Dreieck.

In die äußeren Dreiecke zeichnet man auf dieselbe Art wiederum kleinere Dreiecke ein.

In dieses Dreieck zeichnet man ein kleineres auf dem Kopf stehendes Dreieck ein.

Und so weiter ... und so fort

Zeichnen: Fraktale Bäume

Viele Bäume gleichen in ihrer Wuchsform einem fraktalen Muster: Der Stamm teilt sich in Hauptäste auf, die sich in kleinere Äste teilen, die sich in Zweige teilen und so weiter, bis Hunderte von winzigen Zweiglein entstanden sind.

Zeichne zunächst nach dem Muster rechts ein Baumfraktal auf etwas Schmierpapier. Zeichne dann ins Bild unten einen ganzen Baum nach dieser Methode. Was passiert, wenn du statt zwei jedes Mal drei oder vier Verzweigungen zeichnest?

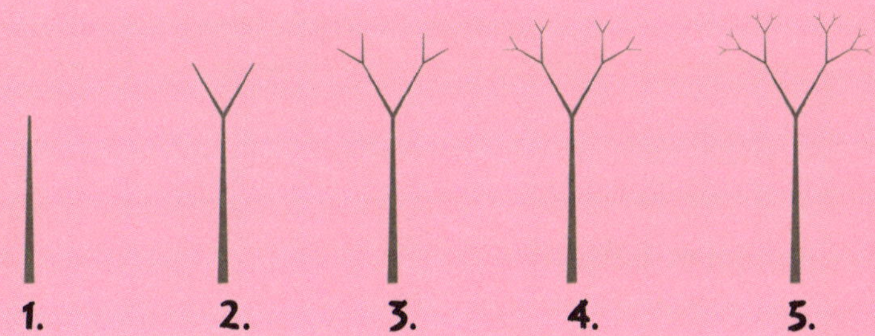

Immer größer

Eine indische Legende erzählt die Geschichte des Mannes, der das Schachspiel erfunden hat. Der König liebte das neue Spiel und ließ den Erfinder zu sich rufen.

»Ich möchte dich für diese wunderbare Erfindung belohnen«, sagte der König. »Du bekommst alles, was du willst.«

Der Mann dachte eine Weile nach und erwiderte dann:

»Ich bitte dich nur um ein Reiskorn für das erste Quadrat des Schachbretts und die jeweils doppelte Menge für alle weiteren Quadrate, also zwei für das zweite Quadrat, vier für das dritte und so weiter, bis alle Quadrate voll sind.«

Der König stimmte zu und holte ein Säckchen Reis. Doch wie viel Reis brauchte er am Ende wohl?

Dem König schien die Bitte des Mannes zunächst bescheiden. Als er mit dem Zählen begann, wurde ihm jedoch bald klar, dass am Ende eine SEHR große Zahl herauskommen musste!

Zunächst sind die Zahlen noch klein, doch schon bald werden sie RIESIG!

Ein Schachbrett ist in 64 Quadrate aufgeteilt. Der König hätte am Ende

9223372036854775808

Reiskörner gebraucht, also mehr als neun Trillionen und damit weit mehr, als er besaß!

Spielen: Die Papierfalt-Challenge

Der König hat bei der Schachbrett-Challenge ziemlich schlecht abgeschnitten, aber wie schlägst du dich bei der Papierfalt-Challenge? Auch hierbei geht es um exponentielles Wachstum. Du brauchst dafür nur ein Blatt dünnes Papier, eine Zeitung wäre perfekt.

Die Herausforderung besteht darin, das Blatt in der Mitte zu falten, dann noch einmal und noch einmal … insgesamt achtmal.

Gelingt dir das? Probiere es auch gemeinsam mit einem Freund oder einer Freundin aus.

Bei jedem Falten verdoppelt sich die Dicke des Papiers, das Falten wird also immer schwieriger.

Kurven aus Geraden

Kannst du eine Kurve nur aus geraden Linien zeichnen? Das geht – mit einer speziellen mathematischen Methode. Und daraus lassen sich auch tolle Muster zaubern.

Zeichne wie abgebildet zwei Linien im rechten Winkel zueinander.

Setze mithilfe eines Lineals in gleichmäßigem Abstand Punkte auf die Linien, und zwar auf jede Linie dieselbe Anzahl an Punkten (hier 15).

Ziehe nun eine Linie vom ersten Punkt auf der Y-Achse zum letzten auf der X-Achse.

Verbinde nun den zweiten Punkt auf der Y-Achse mit dem vorletzten auf der X-Achse und so weiter.

Am Ende zeigt sich eine fantastische Kurve, eine sogenannte parabolische Kurve.

Basteln: Fadenkurven

Statt Linien zu zeichnen, kannst du auch aus einem Faden eine Kurve basteln. Mit verschiedenen Winkeln und Formen lassen sich daraus alle möglichen parabolischen Kurven und Muster zaubern.

Achtung – mit spitzen Nadeln kann man sich verletzen! Bitte einen Erwachsenen um Hilfe, damit du dir beim Basteln nicht wehtust.

Du benötigst:

- Dicken Karton
- Lineal und Bleistift
- Eine große Nadel
- Dünnen Faden oder Stickgarn
- Schere

1. Zeichne eine Form auf den Karton – z. B. einen Kreis – und setze Punkte in gleichmäßigem Abstand darauf. Durchbohre jeden Punkt mit der Nadel.

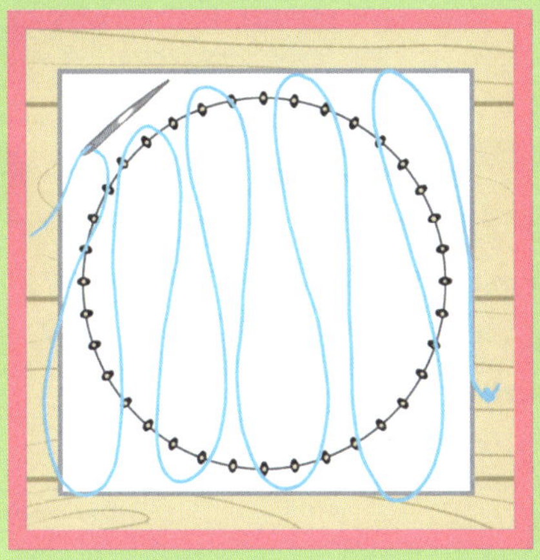

2. Schneide vom Faden oder Garn ein ca. 50 cm langes Stück ab und fädle es in die Nadel ein (bitte einen Erwachsenen um Hilfe). Verknote das Ende des Fadens.

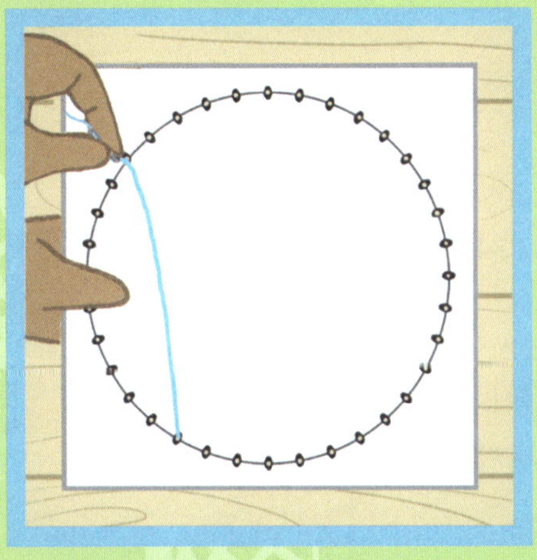

3. Stich mit der Nadel an einem Punkt von hinten durch den Karton und führe den Faden dann zu einem anderen Punkt, als ob du eine Linie zeichnen wolltest.

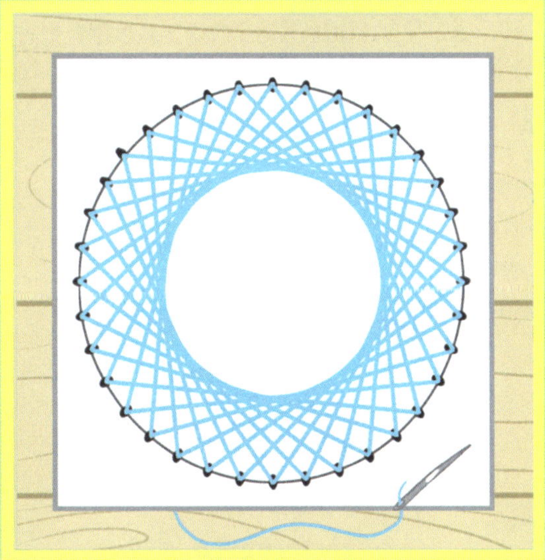

4. Fahre auf diese Weise fort, bis sich ein regelmäßiges Muster wie dieses ergeben hat.

Seltsames Pi

Pi ist zwar eine Zahl, doch eine, die man nicht so ohne Weiteres aufschreiben oder aufsagen kann. Denn im Gegensatz zur 2, zu 106 oder 7,5 ist Pi eine unendliche Zahl. Um sie vollständig aufzusagen, bräuchte man eine ganze Ewigkeit.

Was genau ist Pi? Die Zahl hat mit etwas ganz Normalem und Vertrautem zu tun – mit dem Kreis. Sie kommt heraus, wenn man den Umfang eines Kreises durch seinen Durchmesser teilt.

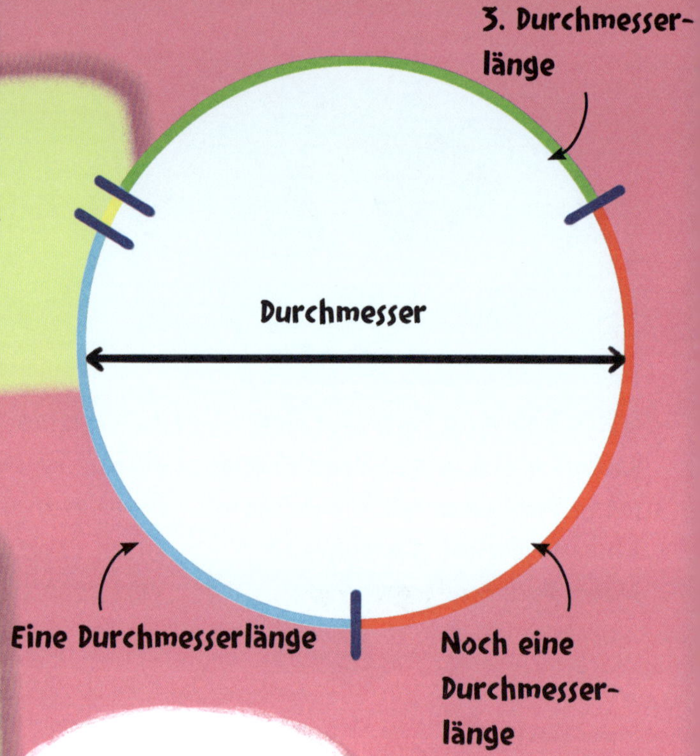

Genau genommen kommt immer das dabei heraus:

**3,141592653589793238462643383279
50288419716939937510582097494459
2307816406286208998628034825342
1170679 ...**

Und das ist Pi – oder zumindest der erste Teil von Pi. Denn wie gesagt ist die Dezimalzahl Pi unendlich. Um sie einfacher benutzen zu können, rundet man sie für gewöhnlich auf 3,14 ab.

π

Es gibt sogar noch einen einfacheren Weg, die Zahl darzustellen, nämlich durch dieses Symbol.

Rechnen: Pi im Alltag

Pi ist eine sehr nützliche Zahl, sie kann uns sogar oft im Alltag helfen. Hier drei Rechenaufgaben dazu:

Die Lösungen der nebenstehenden Rechenaufgaben findest du auf Seite 61 in diesem Buch.

Runde Geschenke

Ali möchte seiner Schwester zum Geburtstag eine runde Schachtel mit Pralinen schenken. Wie lang muss das Geschenkpapier sein, das Ali zum Verpacken braucht?

Krone aus Papier

Hanna spielt in einem Theaterstück in der Schule die Königin und braucht dazu eine Papierkrone.

Wie lang muss der Papierstreifen sein, damit er einmal ganz um Hannas Kopf reicht?

Großvaters Torte

Opa will eine Torte backen und diese am Rand mit Schokokugeln verzieren.

Die Kugeln haben einen Durchmesser von 1 cm. Wie viele Schokokugeln braucht Opa?

Heureka!

Archimedes war ein griechischer Wissenschaftler und Erfinder, ein richtiges Universalgenie. Berühmt ist er auch für seinen Ausruf »Heureka!« (»Ich hab's gefunden!«) und das gleichzeitige Herausspringen aus der Badewanne – denn einer Legende zufolge soll ihm das Badewasser beim Lösen eines mathematischen Problems geholfen haben.

Und diese Legende geht so: Der König des Landes hatte bei einem Handwerker eine goldene Krone in Auftrag gegeben, vermutete aber, dass der Handwerker unter das Gold heimlich viel billigeres Silber gemischt hatte. Er bat Archimedes darum, das herauszufinden.

Archimedes wusste, dass Gold viel dichter als Silber ist – es wiegt mehr. Was hieß, dass eine Krone aus solidem Gold mit einem bestimmten Gewicht weniger Volumen haben (weniger Raum einnehmen) würde als eine Krone mit Silberanteil.

Archimedes konnte die Krone wiegen, brauchte aber auch ihr Volumen.

Das Volumen einer einfachen Form wie das eines Würfels zu berechnen, ist nicht schwer – aber die Krone war eine ganz andere Sache.

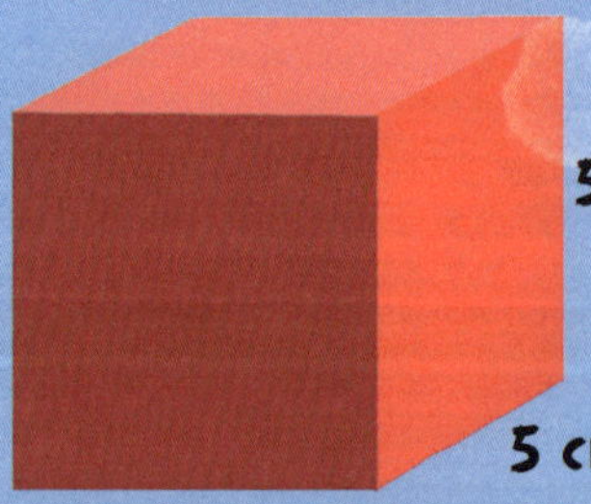

$5\ \text{cm} \times 5\ \text{cm} \times 5\ \text{cm} = 125\ \text{cm}^3$

Als Archimedes in seine Wanne kletterte, sah er, wie das Wasser stieg – und erkannte plötzlich, dass sein Körper das Wasser verdrängt hatte. Das Volumen der Krone könnte er auf dieselbe Weise messen: indem er sie ins Wasser legte und beobachtete, wie stark das Wasser anstieg.

Messen wie Archimedes

Diese Geschichte ist sehr alt, und keiner weiß, ob sie wirklich stimmt. Was allerdings stimmt, ist, dass man das Volumen eines Gegenstands leicht auf diese Weise messen kann. Probier es aus!

Du benötigst:

- Einen großen Messbecher
- Wasser
- Stift, Papier und Taschenrechner
- Unterschiedlich geformte Gegenstände zum Messen, etwa Löffel oder Plastikspielzeug

Welcher dieser fünf Gegenstände hat das größte Volumen – was meinst du? Die Lösung findest du auf Seite 61.

1. Fülle den Messbecher etwa zur Hälfte mit Wasser und notiere dir den Wasserstand.

2. Lege einen Gegenstand ins Wasser, er muss vollständig bedeckt sein. Notiere dir den jetzigen Wasserstand.

3. Zieh den anfänglichen Wasserstand vom anschließend gemessenen ab. 1 ml entspricht 1 cm^3.

Digitales Bild

Computer stellen all ihre Berechnungen mit nur zwei Zahlen an: der 0 und der 1. Dies nennt man Binärcode. Sie speichern auch andere Informationen auf diese Weise. Wir sprechen dabei oft von »digital«, abgeleitet vom englischen Wort »digit« für Ziffer.

Wenn du Buchstaben und Symbole in die Tastatur deines Computers tippst, wandelt dieser sie in den Binärcode um.

Ob du nun einen Song auf dem Computer hörst oder eine Sprachnachricht aufnimmst – der Computer speichert all das als Muster von 0 und 1.

Der Tastendruck, mit dem du Computerspiele spielst, wird vom Rechner in digitale Signale umgewandelt.

Alle Bilder, die du auf einem Bildschirm siehst, sind in Mustern des Binärcodes gespeichert – auch sehr komplexe Bilder und Videos.

Rätseln: Bilder dekodieren

Um eine Reihe von Binärzahlen in ein Bild zurückzuverwandeln, muss der Computer die Zahlen dekodieren. Er liest den Code und sendet Signale an den Bildschirm, Pixel (winzige Punkte, aus denen ein Bild besteht) in verschiedenen Farben darzustellen.

Verwandle diesen Binärcode in ein Bild. Jede Zifferngruppe aus 0 und 1 steht für eine Farbe:

00 = Weiß
01 = Gelb
10 = Blau
11 = Schwarz
100 = Rot

Und so geht's: Sieh nach, für welche Farbe die erste Zifferngruppe (00) steht, und male das erste Kästchen unten (d. h. das Quadrat oben links) in dieser Farbe aus. Das wiederholst du dann Zifferngruppe für Zifferngruppe und Kästchen für Kästchen. Dabei gehst du von links nach rechts und von oben nach unten vor.

00	00	01	01	01	01	01	01	00	00
00	01	01	01	01	01	01	01	01	00
01	01	10	10	01	01	10	10	01	01
01	01	10	10	01	01	10	10	01	01
01	01	01	01	01	01	01	01	01	01
01	11	01	01	01	01	01	01	11	01
01	01	11	01	01	01	01	11	01	01
01	01	01	11	100	100	11	01	01	01
00	01	01	01	100	100	01	01	01	00
00	00	01	01	01	01	01	01	00	00

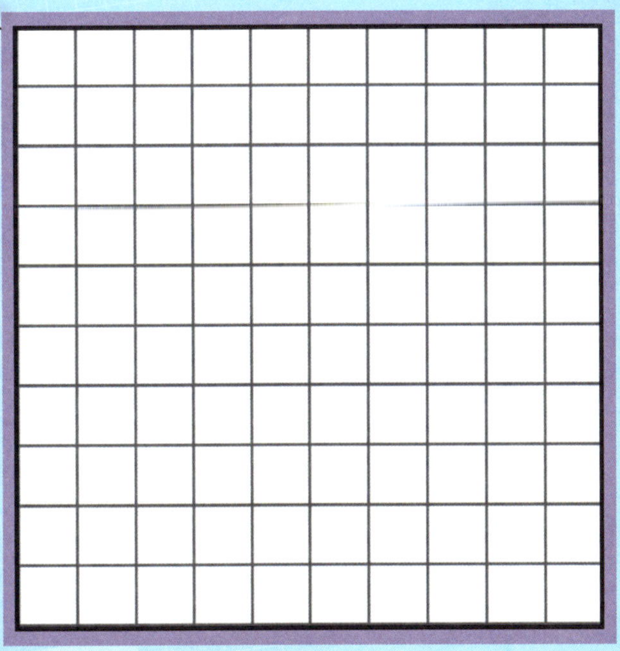

Du behältst den Überblick, wenn du die Zifferngruppen, die du übertragen hast, abhakst.

Und jetzt anders herum: Verwandle das Bild dieses Pinguins in die Zifferngruppen eines Binärcodes (Lösungen auf Seite 61). Nimm 00 für Weiß, 01 für Schwarz, 11 für Gelb und 10 für Orange.

Körpermaße

Sicherlich hast du schon einmal etwas von der Maßeinheit Fuß gehört und dich gefragt, ob sie wohl wirklich etwas mit dem Fuß zu tun hat. Das hat sie! Als die Menschen vor langer Zeit begannen, Dinge zu messen, gab es noch kein festes Messsystem. Deshalb maßen sie die Dinge mithilfe ihres Körpers.

Natürlich war das nicht unproblematisch. Da die Maße bei jedem Körper anders sind, konnte man nicht exakt messen.

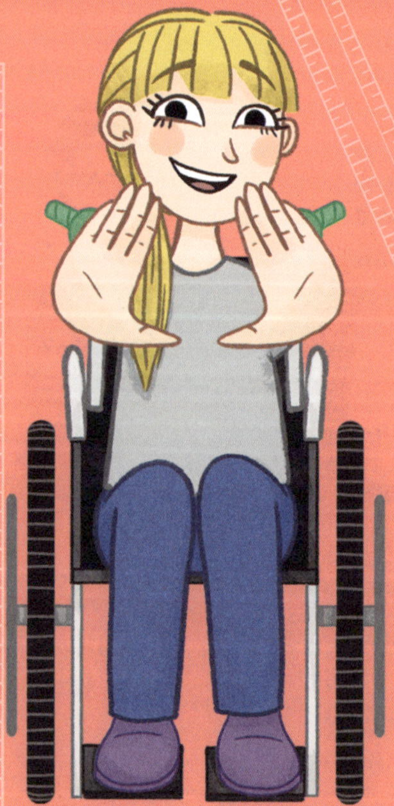

Einige dieser »Körpermaße« waren weithin in Gebrauch.

1 Faust entsprach etwa einer Handbreit. Damit werden heute noch Pferde gemessen.

1 Finger entsprach etwa einem Fingerbreit. Daraus entwickelte sich die Maßeinheit Zoll.

1 Elle entsprach dem Abstand zwischen Ellbogen und Fingerspitze.

1 Faden entsprach etwa der Spanne der ausgestreckten Arme.

1 Fuß entsprach der durchschnittlichen Länge des Fußes eines Mannes.

Also wurden die Maße im Laufe der Zeit standardisiert. 1 Fuß entspricht heute 12 Zoll oder 30,48 cm (etwa eine Linealänge).

Messen: Am eigenen Leib

Besorge dir ein Maßband und miss Fuß, Faden, Faust, Elle und Finger an dir selbst nach. Sind sie genauso lang wie bei anderen Menschen? Miss auch an Freunden oder Geschwistern sowie an deinen Eltern nach.

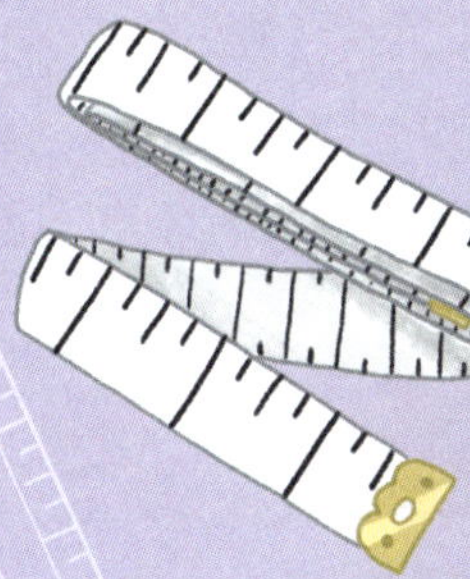

Fuß ____________

Faden ____________

Faust ____________

Elle ____________

Finger ____________

Obwohl sich die Menschen in vielen Dingen voneinander unterscheiden, so folgen doch die Maße eines jeden Menschen häufig einem seltsam ähnlichen Muster.

Größe = Spanne der ausgestreckten Arme

Umfang des Handgelenks = Abstand zwischen Mittelfingerspitze und Daumenspitze

Fußlänge = Abstand zwischen Ellbogenspitze und Handgelenk

Breite eines Auges = Abstand zwischen den Augen

Zahlen im Kopf

Wusstest du, dass dein Kopf ständig rechnet – auch wenn es dir nicht bewusst ist? Um die Welt um dich herum zu deuten und dich zu schützen, stellt dein Gehirn ununterbrochen Berechnungen an.

Der Mensch hat zwei Augen, die die Dinge aus einem jeweils leicht anderen Blickwinkel sehen. Das Gehirn nutzt den Unterschied, um Entfernungen zu berechnen und 3D zu sehen.

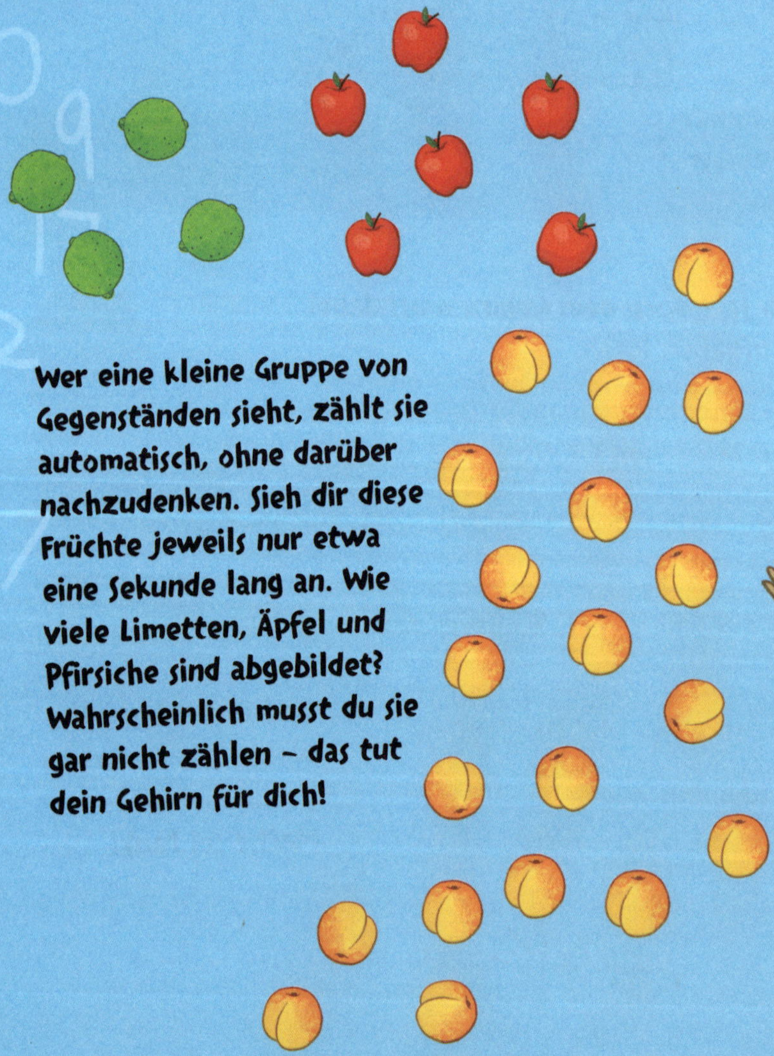

Wer eine kleine Gruppe von Gegenständen sieht, zählt sie automatisch, ohne darüber nachzudenken. Sieh dir diese Früchte jeweils nur etwa eine Sekunde lang an. Wie viele Limetten, Äpfel und Pfirsiche sind abgebildet? Wahrscheinlich musst du sie gar nicht zählen – das tut dein Gehirn für dich!

Wer zu stürzen droht, streckt automatisch Arme oder Beine aus, um das Gleichgewicht wiederzuerlangen. Darüber denkst du nicht nach – dein Gehirn berechnet die Bewegungen für dich.

Ausprobieren: Richtungsbestimmung

Probiere gemeinsam mit einem Freund oder einer Freundin doch einmal die folgende Übung aus. Keine Sorge: Dein Gehirn wird dir dabei helfen!

Du benötigst:

- Einen Stuhl
- Eine Augenbinde
- Einen großen Raum
- Einen Übungspartner

1. Setz dich auf den Stuhl und leg die Augenbinde an.

2. Dein Übungspartner stellt sich barfuß (also so leise wie möglich) etwa 3 m hinter dich.

3. Der Übungspartner klatscht in die Hände und wechselt dabei die Position. Du zeigst in die Richtung, aus der das Klatschen gekommen ist.

Einfach, oder? Für dich ja – doch dein Gehirn muss dabei komplizierte Rechenaufgaben lösen.

Der Schall braucht minimal verschieden lang, bis er am rechten bzw. linken Ohr angekommen ist.

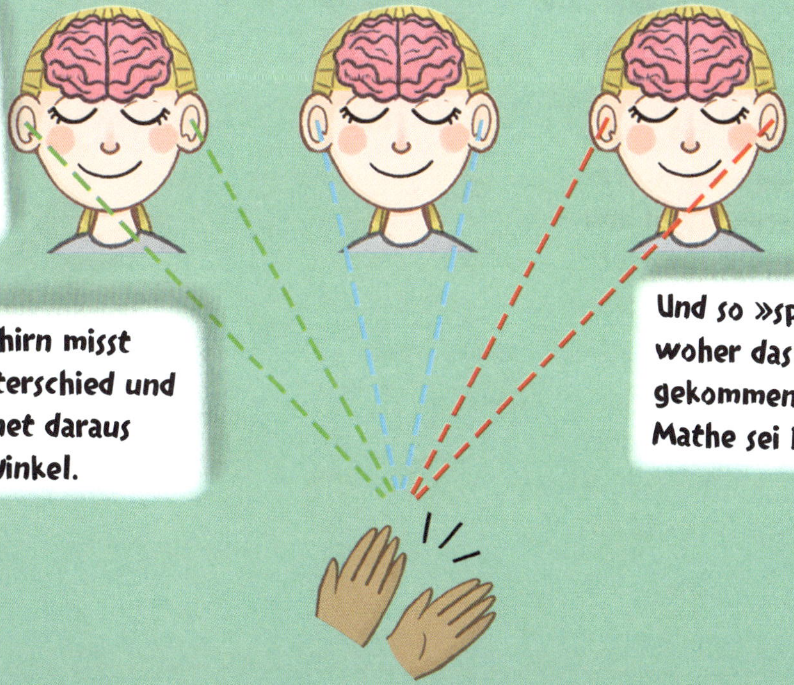

Dein Gehirn misst den Unterschied und berechnet daraus einen Winkel.

Und so »spürst« du, woher das Klatschen gekommen ist – Mathe sei Dank!

Monster-zahlen

Welche ist die größte Zahl, die es gibt? In der Mathematik gibt es für die Unendlichkeit ein Zeichen: ∞. Es sieht aus wie eine liegende Acht und bildet eine endlose Schleife, auf der man sich ewig rundherum bewegen könnte.

Die Zahlenfolge ist unendlich, d. h., sie hört nie auf. Was auch immer die größte Zahl sein mag, die du dir vorstellen kannst – du kannst immer noch 1 zu ihr addieren. Und noch eine 1 und noch eine …

Mathematiker können sich SEHR große Zahlen vorstellen, die berühmteste davon ist das Googol. (Nicht Google, Googol. Das Googol war zuerst da, die Internet-Suchmaschine wurde nach ihm benannt.) Ein Googol ist eine 1 mit 100 Nullen und sieht so aus:

10 000 000 000 000 000 000 000 000 000 000
000 000 000 000 000 000 000 000 000 000 000 000
000 000 000 000 000 000 000 000 000 000 000

Den Namen »Googol« hat ein neunjähriger Junge, Milton Sirotta, erfunden. Sein Onkel, der Mathematiker Edward Kasner, fragte ihn nach einem möglichen Namen für eine 1 mit 100 Nullen, und das war Miltons Antwort.

Rätseln: Das Riesenzahlenquiz

Die folgenden Quizfragen drehen sich alle um SEHR große Zahlen, und du kannst bei der Antwort nur schätzen. Die Lösungen findest du auf Seite 61.

1. Wie viele Sterne gibt es in unserer Galaxie, der Milchstraße?

A. Ca. 250 Milliarden
B. Ca. 10 Milliarden
C. Ca. 1 Milliarde Milliarden

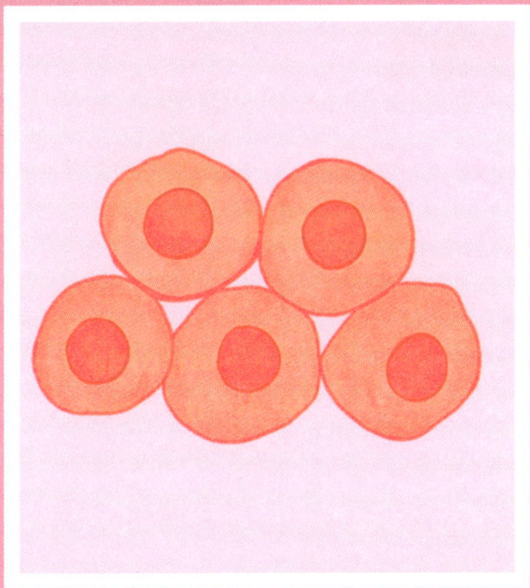

2. Wie viele Zellen gibt es durchschnittlich im menschlichen Körper?

A. Ca. 150 Billionen
B. Ca. 37 Billionen
C. Ca. 4 Billionen

3. Wie viele Sandkörner gibt es auf der Welt?

A. Ca. 7 Trillionen
B. Ca. 4 Oktillionen
C. Ca. 1,5 Googol

Die Zahlen sind schon ziemlich groß, aber nicht so groß wie ein Googol!

10 000 000 000 000 000
000 000 000 000 000
000 000 000 000 000
000 000 000 000 000
000 000 000 000 000
000 000 000 000 000
000 000 000

Teste dein Wissen!

Na, hast du auch aufgepasst? Teste dein Mathewissen hier – die Lösungen findest du auf Seite 61.

1.
Richtig oder falsch? In einem magischen Quadrat lassen sich Reihen und Diagonalen zu aufeinanderfolgenden Zahlen addieren.

2. Richtig oder falsch? Eine Möbiusschleife hat eine Kante und eine Oberfläche.

3. Wenn die kürzeren Seiten eines Goldenen Rechtecks 10 cm lang sind, wie lang sind dann die längeren Seiten?

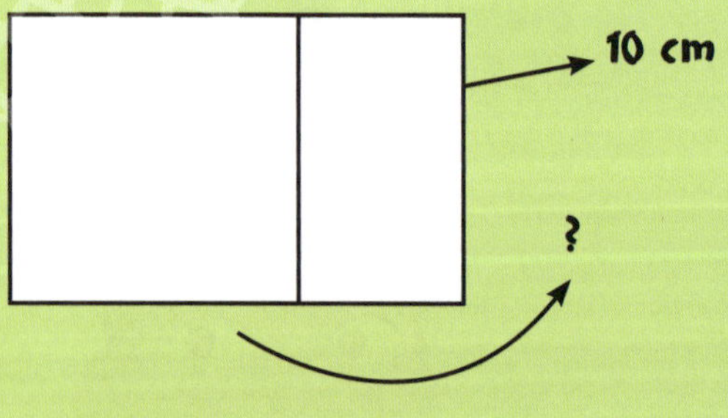

4. Dekodiere diese Botschaft mithilfe des Geheimcodes auf Seite 14:

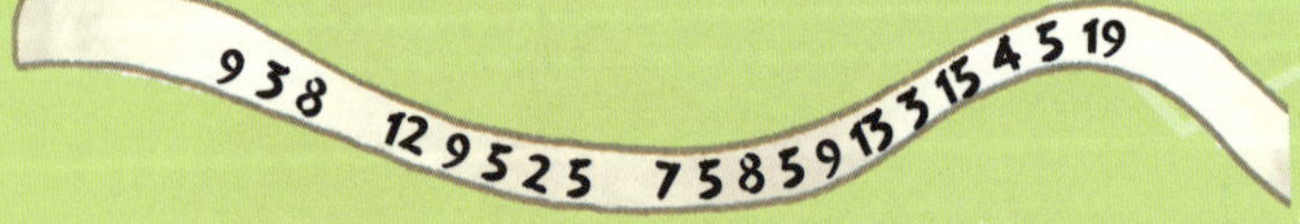

5. Besitzen diese Schneeflocken eine 5- oder 6-zählige Rotationssymmetrie?

6. Welche dieser Zahlen sind Primzahlen?

4, 5, 14, 15, 30, 51, 79, 89, 100

7. Alle Kinder aus Hannas Fußballmannschaft haben nach einem Spiel ein Stück Obst gegessen. Welches Obst war am beliebtesten? Wie viele Kinder haben einen Apfel gegessen?

8. Ali hat sich eine Packung Aufkleber gekauft. Das Tortendiagramm zeigt, wie groß der Anteil der jeweiligen Aufkleber war. Wenn es insgesamt 24 Aufkleber waren, wie viele herzförmige gab es dann?

9. Richtig oder falsch? Man kann eine normale Zeitungsseite 34-mal in der Mitte falten.

10. Richtig oder falsch? 1 »Fuß« ist ungefähr so lang wie ein durchschnittlicher Kinderfuß.

Notiere deine Antworten hier und vergleiche sie mit den Lösungen auf Seite 61.

1 ....

2 ....

3 ....

4 ....

5 ....

6 ....

7 ....

8 ....

9 ....

10 ....

Lösungen

Seite 23 1, 2, 5 und 6 setzen sich perfekt zu einem durchgehenden Muster zusammen. 3 und 4 (siehe unten) brauchen dazu noch jeweils eine weitere geometrische Form: 3 braucht ein Quadrat, und 4 braucht ein Dreieck.

Seite 25 Hierbei handelt es sich gar nicht um ein mathematisches Rätsel, sondern um eine optische Täuschung! Lege ein Lineal an die obere Seite des ersten Dreiecks – sie ist ganz leicht nach innen gewölbt. Das fällt einem auf den ersten Blick nicht auf, weil man durch das Karomuster abgelenkt ist. Tauschen rotes und blaues Dreieck die Plätze, wölbt sich die Linie leicht nach außen – und die Fläche, die diese leichte Außenwölbung einnimmt, entspricht exakt der Fläche des »fehlenden« Kästchens oder Quadrats.

Seite 7

A:

3	2	7
8	4	0
1	6	5

B:

5	11	2
3	6	9
10	1	7

C:

3	14	15	2
8	9	12	5
10	7	6	11
13	4	1	16

Seite 11

6 x 7 = 42
8 x 10 = 80
7 x 9 = 63
9 x 10 = 90
6 x 8 = 48
9 x 8 = 72
10 x 6 = 60
7 x 10 = 70
9 x 9 = 81
6 x 9 = 54

Seite 29

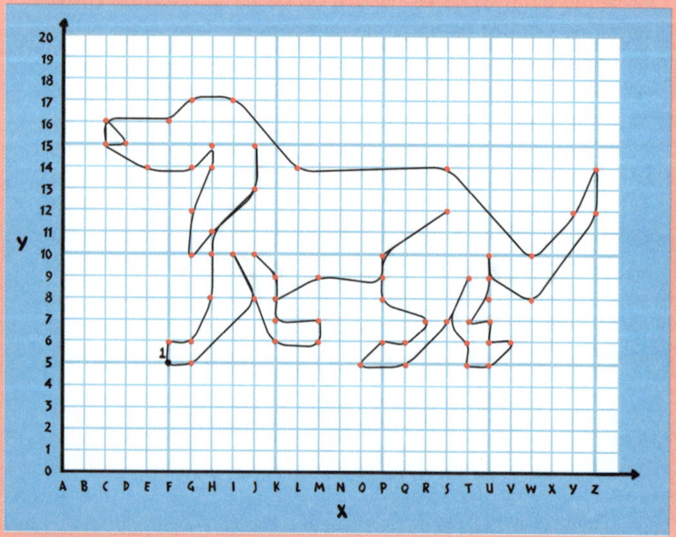

Seite 47 Ali braucht ein Blatt Geschenkpapier, das 31,42 cm lang ist.
Hanna braucht einen 47,12 cm langen Papierstreifen für ihre Krone.
Opa braucht für seine Torte 94 Schokokugeln. Haben die Kugeln einen Durchmesser von ca. 1,25 cm, braucht er nur 75 davon.

Seite 49 Von diesen fünf Gegenständen hat die Münze das kleinste Volumen, dann folgen Löffel, Golfball und Dinosaurier. Die Orange hat das größte Volumen.

Seite 51

Und so sieht der Pinguin als Binärcode aus:

```
00 00 00 00 00 00 00 01 01 01 01 01 01 00 00 00 00 00 00 00
00 00 00 00 00 00 01 01 01 01 01 01 01 01 00 00 00 00 00 00
00 00 00 00 00 01 00 00 01 01 01 01 00 00 01 00 00 00 00 00
00 00 00 00 01 00 00 00 00 01 01 00 00 00 00 01 00 00 00 00
00 00 00 00 01 00 01 01 00 01 01 00 01 01 00 01 00 00 00 00
00 00 00 00 01 00 01 01 00 01 01 00 01 01 00 01 00 00 00 00
00 00 00 00 01 00 00 00 00 01 01 00 00 00 00 01 00 00 00 00
00 00 00 00 01 00 00 00 11 11 11 11 00 00 00 01 00 00 00 00
00 00 00 00 01 01 00 00 00 11 11 00 00 00 01 01 00 00 00 00
00 00 00 01 01 01 00 00 00 00 00 00 00 00 01 01 01 00 00 00
00 00 01 01 01 00 00 00 00 00 00 00 00 00 00 01 01 01 00 00
00 00 01 01 01 00 00 00 00 00 00 00 00 00 00 01 01 01 00 00
00 01 01 01 01 00 00 00 00 00 00 00 00 00 00 01 01 01 01 00
00 01 01 01 01 00 00 00 00 00 00 00 00 00 00 01 01 01 01 00
01 01 01 01 01 00 00 00 00 00 00 00 00 00 00 01 01 01 01 01
01 01 01 01 01 00 00 00 00 00 00 00 00 00 00 01 01 01 01 01
00 01 00 01 01 00 00 00 00 00 00 00 00 00 00 01 01 00 01 00
00 00 00 01 01 00 00 00 00 00 00 00 00 00 00 01 01 00 00 00
00 00 00 01 01 00 00 00 00 00 00 00 00 00 00 01 01 00 00 00
00 00 00 01 01 00 00 00 00 00 00 00 00 00 00 01 01 00 00 00
00 00 00 00 01 01 00 00 00 00 00 00 00 00 01 01 00 00 00 00
00 00 00 00 01 01 00 00 00 00 00 00 00 00 01 01 00 00 00 00
00 00 00 00 00 01 01 01 01 01 01 01 01 01 01 00 00 00 00 00
00 00 00 00 00 10 10 10 00 00 00 00 10 10 10 00 00 00 00 00
00 00 00 00 10 10 10 10 10 00 00 10 10 10 10 10 00 00 00 00
```

Seite 57

1. A. In unserer Galaxie gibt es rund 250 Milliarden Sterne. Das ist ganz schön viel!
2. B. Im menschlichen Körper gibt es durchschnittlich 37 Billionen Zellen. Zwar ist jeder Körper anders, doch die Zahl ist bei annähernd jedem Menschen gleich.
3. A. Auf der ganzen Welt gibt es rund 7 Trillionen Sandkörner.

Seite 58/59

1. Falsch. Sie ergeben immer DIESELBE Zahl.
2. Richtig.
3. 16,18 cm.
4. ICH LIEBE GEHEIMCODES
5. Sie sind 6-zählig rotationssymmetrisch.
6. Aus dieser Auswahl sind nur 5, 79 und 89 Primzahlen.
7. Pfirsiche waren am beliebtesten, einen Apfel haben acht Kinder gewählt.
8. Es gab sechs herzförmige Aufkleber.
9. Falsch. Man kann normales Zeitungspapier etwa achtmal in der Mitte falten, bevor es dafür zu dick wird. 2002 ist es allerdings einer Schülerin, Britney Gallivan aus Pomona, Kalifornien, gelungen, Toilettenpapier zwölfmal in der Mitte zu falten. Das war aber auch ein SEHR langes Stück Papier, nämlich über einen Kilometer lang.
10. Falsch. 1 »Fuß« ist etwa so lang wie der durchschnittliche Fuß eines MANNES.

Glossar

Achse Gedachte gerade Linie durch die Mitte eines symmetrischen Festkörpers.

Balkendiagramm Diagramm, das Zahlenwerte in Form von Höhe oder Länge von Linien oder Rechtecken zeigt.

Binär Zähl- oder Notationssystem, das auf der 2 basiert.

Chiffrierscheibe Instrument aus zwei konzentrischen Kreisen zum Kodieren und Dekodieren von Botschaften.

Dekodieren Eine kodierte Botschaft in Klartext umwandeln.

Dezimalzahl Zahl mit einem Komma, deren Ziffern dahinter einen Wert angeben, der kleiner als 1 ist.

Dichte Gewicht eines Gegenstands in Bezug zu der Größe an Raum, die er einnimmt.

Dreidimensional Mit drei Dimensionen, 3D; ein Würfel oder eine Pyramide sind dreidimensional.

Exponentielles Wachstum Zunehmen eines Wertes im Verhältnis zu seiner Größe (d.h. je größer die Zahl, desto größer das Wachstum).

Formel Regel, festgehalten in mathematischen Symbolen.

Fraktale Wiederholtes geometrisches Muster.

Goldener Schnitt Die abgerundete Zahl 1,618, die eine bestimmte Art beschreibt, eine Linie in zwei Teile zu teilen.

Googol Eine 1 mit 100 Nullen.

Grad Maßeinheit für Winkel, Symbol: °. Ein voller Kreis hat 360°, ein rechter Winkel 90°.

Hexagon Sechseck.

Kodieren Den Klartext einer Botschaft in einen Code umwandeln.

Koordinaten Zahlen, die eine Position in einem Diagramm angeben.

Kopfrechnen Rechnen, das im Kopf stattfindet, ohne die Hilfe eines Taschenrechners und ohne dass man sich etwas notiert.

Kreisdurchmesser Länge der geraden Linie, die von einem Kreisrand zum anderen genau durch die Mitte des Kreises führt.

Kreisumfang Strecke um den Kreis herum.

Magisches Quadrat Quadrat, in dem sich die Zahlen der Reihen und Diagonalen immer zur selben Zahl addieren lassen.

Möbiusschleife Verfügt über eine durchgehende Oberfläche und hat nur eine Kante.

Multiplizieren Eine Zahl eine festgelegte Anzahl von Malen zu sich selbst addieren.

Natürliche Zahlen Die Zahlen, die beim Zählen verwendet werden (1, 2, 3 ...). Je nach Definition gehört auch die 0 dazu.

Parabolische Kurve Bogenförmige Kurve.
Pergament Zu beschreibende Fläche aus z. B. Schaf- oder Ziegenhaut.
Pi Die konstante, d. h. unveränderliche Zahl Pi (ca. 3,14) erhält man, wenn man den Kreisumfang durch den Kreisdurchmesser teilt.
Pixel Winzige Punkte am Bildschirm, die sich zu einem Bild zusammensetzen.

Polyeder Von mehreren ebenen Flächen, von Vielecken begrenzter Körper.
Polygon Vieleck.
Primzahl Zahl, die sich nur durch sich selbst oder durch 1 teilen lässt.
Radius Länge einer beliebigen geraden Linie, die vom Kreismittelpunkt zum Rand des Kreises führt.
Rechtwinkliges Dreieck Dreieck mit einem 90°-Winkel.
Rechter Winkel 90°-Winkel; z. B. die Ecke eines Rechtecks oder das Innere eines Kreisviertels.
Reuleaux-Dreieck Form, die entsteht, wenn sich drei Kreise kreuzen. Sie ähnelt einem Dreieck mit gekrümmten Seiten.
Rotationssymmetrie Ist gegeben, wenn eine Form beim Drehen gleich bleibt.
Skytale Stab zum Verschlüsseln von Botschaften.
Symmetrie Spiegelbildliche Gleichheit eines ebenen oder räumlichen Gebildes.
Taschenrechner Maschine für mathematische Berechnungen.
Tortendiagramm Rundes Diagramm, in dem der Anteil bestimmter Dinge an einer Gesamtmenge dargestellt ist.
Unendlichkeit Etwas, das immer weitergeht und weder Grenzen noch einen äußeren Rand hat.
Verhältnis Art, auf die zwei oder mehr Zahlen miteinander vergleichbar sind.
Volumen Räumliche Größe dreidimensionaler Gegenstände.
Wahrscheinlichkeit Zweig der Mathematik, bei dem es um die Wahrscheinlichkeit eines Ereignisses geht.
Winkel Der Raum zwischen zwei sich kreuzenden Linien an der Stelle, an der sie sich treffen (meist in Grad gemessen).
Winkelmesser Instrument zum Messen von Winkeln.
Würfel Symmetrische, dreidimensionale Form mit sechs Seiten, die aus gleich großen Quadraten bestehen.
Ziffer Jede Zahl zwischen 0 und 9.
Zirkel Instrument mit zwei Armen zum Zeichnen von Kreisen.
Zoll Alte Maßeinheit, meist der zwölfte Teil eines Fußes. 1 Zoll entspricht 2,54 cm bzw. der englischen Maßeinheit »inch«.
Zusammengesetzte Zahl Ganze Zahl, die durch das Multiplizieren anderer ganzer Zahlen entsteht.

Register

3D-Formen **38–39**

A

Archimedes **48–49**

B

Balkendiagramm **28**
Bäume, fraktale **41**
Binärcode **50–51**

C

Chiffrierscheibe **15**
Codes **14–15, 50–51**
Computer **50–51**

D

dekodieren **14–15, 53**
Diagramm **28–29**
digitale Informationen **50–51**
Dodekaeder (Zwölfflächner) **38–39**
Dreieck **22**
  Reuleaux-Dreieck **21**
  rechtwinkliges **24–25**
  Sierpinksi **40**
Durchmesser **15, 20, 46–47**

E

Elle (Maßeinheit) **52–53**
Escher, M.C. **8**
exponentielles Wachstum **42–43**

F

Faden **32–33, 45**
Faden (Maßeinheit) **52–53**
Faust (Maßeinheit) **52–53**
Finger (Maßeinheit) **52–53**
Fläche **24–25**
Fraktale **40–41**
Fuß (Maßeinheit) **52–53**

G

Gedanken lesen **5**
Gehirn **54–55**
Goldener Schnitt **12–13, 46**
Googol **56–57**
Grad **30**
große Zahlen **56–57**

H

Hexagon (Sechseck) **22**

K

Körpermaße **52–53**
Körperzellen **57**
Kreis **20, 22, 32–33, 37, 46–47**
Kreisdurchmesser **20, 46–47**
Kreisumfang **46–47**
Kurve **44–45**

M

magisches Quadrat **6–7**
Malfolgen **10**
Maßeinheiten **52–53**
Möbiusschleife **8–9**
Monsterzahlen **56–57**
Monty-Hall-Problem oder -Dilemma **34–35**
Multiplikation **10–11**

O

Oval **33**

P

Papier falten **43**
Pi **46–47**
Polyeder (Vielflächner) **38–39**
Polygon (Vieleck) **38**
Primzahlen **26–27**

Q

Quadrat **12, 20, 22, 24–25**

R

Räder **20–21**
Radius **32**
Rechteck **12–13, 22, 24**
Rotationssymmetrie **18–19**

S

Schach **42–43**
Schneeflocken **18–19**
Skytale **14**
Sterne **36–37, 57**
Symmetrie **16–19**

T

Taschenrechner **11, 54–55**
Tortendiagramm **30–31**

U

Unendlichkeit **56**

V

Verhältnis **12–13**
Volumen **48–49**

W

Wahrscheinlichkeit **34–35**
Winkelmesser **30**
Würfel **38–39, 48**

X

X-/Y-Achse **28–29**

Z

Zirkel **32–33**
Zoll **52**
zusammengesetzte Zahlen **26**